ANÁLISE DE ERROS

O QUE PODEMOS APRENDER COM AS RESPOSTAS DOS ALUNOS

COLEÇÃO TENDÊNCIAS EM EDUCAÇÃO MATEMÁTICA

ANÁLISE DE ERROS

O QUE PODEMOS APRENDER COM
AS RESPOSTAS DOS ALUNOS

Helena Noronha Cury

3ª edição
1ª reimpressão

autêntica

Copyright © 2007 Helena Noronha Cury

Todos os direitos reservados pela Autêntica Editora Ltda. Nenhuma parte desta publicação poderá ser reproduzida, seja por meios mecânicos, eletrônicos, seja via cópia xerográfica, sem a autorização prévia da Editora.

COORDENADOR DA COLEÇÃO TENDÊNCIAS EM EDUCAÇÃO MATEMÁTICA
Marcelo de Carvalho Borba
(Pós-Graduação em Educação Matemática/Unesp, Brasil)
gpimem@rc.unesp.br

CONSELHO EDITORIAL
Airton Carrião (COLTEC/UFMG, Brasil), Hélia Jacinto (Instituto de Educação/Universidade de Lisboa, Portugal), Jhony Alexander Villa-Ochoa (Faculdade de Educação/Universidade de Antioquia, Colômbia), Maria da Conceição Fonseca (Faculdade de Educação/UFMG, Brasil), Ricardo Scucuglia da Silva (Pós-Graduação em Educação Matemática/Unesp, Brasil)

EDITORAS RESPONSÁVEIS
Rejane Dias
Cecília Martins

REVISÃO
Cecília Martins

CAPA
Diogo Droschi

DIAGRAMAÇÃO
Camila Sthefane Guimarães

Dados Internacionais de Catalogação na Publicação (CIP)
(Câmara Brasileira do Livro, SP, Brasil)

Cury, Helena Noronha

Análise de erros : o que podemos aprender com as respostas dos alunos / Helena Noronha Cury. -- 3. ed.; 1. reimp -- Belo Horizonte : Autêntica, 2024. -- (Coleção Tendências em Educação Matemática).

Bibliografia.
ISBN 978-85-513-0657-4

1. Análise de erros 2. Erro - Análise (Matemática) 3. Matemática - Estudo e ensino (Ensino fundamental) 4. Professores de matemática - Formação profissional I. Borba, Marcelo de Carvalho. II. Título.III. Série.

19-30393   CDD-372.7

Índices para catálogo sistemático:
1. Erro : Aprendizagem de matemática :
Ensino fundamental 372.7

Iolanda Rodrigues Biode - Bibliotecária - CRB-8/10014

Belo Horizonte
Rua Carlos Turner, 420
Silveira . 31140-520
Belo Horizonte . MG
Tel.: (55 31) 3465 4500

São Paulo
Av. Paulista, 2.073 . Conjunto Nacional
Horsa I . Sala 309 . Bela Vista
01311-940 . São Paulo . SP
Tel.: (55 11) 3034 4468

www.grupoautentica.com.br
SAC: atendimentoleitor@grupoautentica.com.br

Nota do coordenador

A produção em Educação Matemática cresceu consideravelmente nas últimas duas décadas. Foram teses, dissertações, artigos e livros publicados. Esta coleção surgiu em 2001 com a proposta de apresentar, em cada livro, uma síntese de partes desse imenso trabalho feito por pesquisadores e professores. Ao apresentar uma tendência, pensa-se em um conjunto de reflexões sobre um dado problema. Tendência não é moda, e sim resposta a um dado problema. Esta coleção está em constante desenvolvimento, da mesma forma que a sociedade em geral, e a, escola em particular, também está. São dezenas de títulos voltados para o estudante de graduação, especialização, mestrado e doutorado acadêmico e profissional, que podem ser encontrados em diversas bibliotecas.

A coleção Tendências em Educação Matemática é voltada para futuros professores e para profissionais da área que buscam, de diversas formas, refletir sobre essa modalidade denominada Educação Matemática, a qual está embasada no princípio de que todos podem produzir Matemática nas suas diferentes expressões. A coleção busca também apresentar tópicos em Matemática que tiveram desenvolvimentos substanciais nas últimas décadas e que podem se transformar em novas tendências curriculares dos ensinos fundamental, médio e superior. Esta coleção é escrita por pesquisadores em Educação Matemática e em outras áreas da Matemática, com larga experiência docente, que pretendem estreitar as interações entre a Universidade – que produz pesquisa – e os diversos cenários em que se realiza essa educação. Em alguns livros, professores da educação básica se tornaram também autores. Cada livro indica uma extensa bibliografia na qual o leitor poderá buscar um aprofundamento em certas tendências em Educação Matemática.

Neste livro, Helena Noronha Cury apresenta uma visão geral sobre a análise de erros, fazendo um retrospecto das primeiras pesquisas na área e indicando teóricos que subsidiam investigações sobre erros. A autora defende a ideia de que a análise de erros é uma abordagem de pesquisa e também uma metodologia de ensino, se for empregada em sala de aula com o objetivo de levar os alunos a questionarem suas próprias soluções. O levantamento de trabalhos sobre erros desenvolvidos no País e no exterior, apresentado na obra, poderá ser usado pelos leitores segundo seus interesses, de pesquisa ou ensino. A autora apresenta sugestões de uso dos erros em sala de aula, discutindo exemplos já trabalhados por outros investigadores. Nas conclusões, a pesquisadora sugere que discussões sobre os erros dos alunos venham a ser contempladas em disciplinas de cursos de formação de professores, já que pode gerar reflexões sobre o próprio processo de aprendizagem.

*Marcelo de Carvalho Borba**

---

* Marcelo de Carvalho Borba é licenciado em Matemática pela UFRJ, mestre em Educação Matemática pela Unesp (Rio Claro, SP) doutor, nessa mesma área pela Cornell University (Estados Unidos) e livre-docente pela Unesp. Atualmente, é professor do Programa de Pós-Graduação em Educação Matemática da Unesp (PPGEM), coordenador do Grupo de Pesquisa em Informática, Outras Mídias e Educação Matemática (GPIMEM) e desenvolve pesquisas em Educação Matemática, metodologia de pesquisa qualitativa e tecnologias de informação e comunicação. Já ministrou palestras em 15 países, tendo publicado diversos artigos e participado da comissão editorial de vários periódicos no Brasil e no exterior. É editor associado do ZDM (Berlim, Alemanha) e pesquisador 1A do CNPq, além de coordenador da Área de Ensino da CAPES (2018-2022).

Sumário

Nota introdutória à terceira edição 9

Prefácio 11

Introdução 15

Capítulo I
As ideias dos precursores 19
Thorndike e o início das pesquisas sobre erros 22
Hadamard e os processos de invenção em Matemática 24
Krutetskii e as habilidades matemáticas 27
Newell e Simon e a análise dos protocolos de resolução 30
Brousseau e os erros constituídos em obstáculos 32
Borasi e a taxionomia do uso dos erros 36

Capítulo II
Alguns exemplos de trabalhos sobre
análise de erros em questões matemáticas 41

Capítulo III
Exemplos de classificação e análise de erros:
uma pesquisa com calouros de cursos superiores 51
Outro exemplo de dificuldades em Cálculo: derivadas e integrais 58

Capítulo IV
Análise de conteúdo das respostas:
uma visão da metodologia empregada 63
As etapas da análise 64

Um exemplo de análise de conteúdo de respostas 67

Uma interpretação para os resultados 75

Capítulo V
Sugestões para o uso da análise de
erros no ensino de Matemática 81

Capítulo VI
Considerações finais 91

Referências 97

Outros títulos da coleção 105

Nota introdutória à terceira edição

Este livro, que agora atinge a terceira edição, foi elaborado a partir do meu interesse pelo tema "análise de erros", sobre o qual já havia produzido uma dissertação e uma tese. A possibilidade de escrevê-lo foi uma grande conquista, na medida em que me abriu novas possibilidades de pesquisa e a sua aceitação se refletiu em dissertações que tenho orientado nos últimos anos, bem como em outras que foram defendidas em programas de pós-graduação em Educação ou em Ensino de Ciências e Matemática.

Nos anos que se passaram desde a primeira edição, a análise de erros vem sendo enfocada em muitas publicações acadêmicas no Brasil. Pesquisas realizadas nos sites dos programas de pós-graduação da área de Ensino, relacionados à Matemática, abrangendo a produção entre 1994 e 2012, evidenciam um aumento do interesse pelo tema, inclusive com indicação deste livro entre as referências listadas pelos autores das dissertações ou teses.

Esse interesse pelos erros também se manifesta em artigos publicados em periódicos nacionais ou estrangeiros, bem como em comunicações ou palestras em eventos, especialmente naqueles organizados por cursos de formação inicial ou continuada de professores de Matemática.

Apesar da quantidade de novas obras que se somam às listadas neste livro, optou-se por conservar sua estrutura original nesta segunda edição, visto que nele se encontram os elementos que podem auxiliar os professores de Matemática – em exercício nas escolas ou universidades, em formação inicial ou continuada – a se localizarem na temática. Inicialmente, é feita uma revisão histórica das investigações sobre erros e dos autores que, em geral, fundamentam as pesquisas. Em seguida, a partir de exemplos de análises de erros já realizadas e da explicação da metodologia de análise, são também oferecidas sugestões para o uso dos erros no ensino de Matemática.

Nesta nova edição, agradeço ao coordenador da coleção Tendências em Educação Matemática pela possibilidade de continuar divulgando este trabalho e espero que outras investigações sobre análise de erros sejam produzidas, em qualquer nível de ensino, trazendo elementos para discussões frutíferas no campo da Educação Matemática.

Helena Noronha Cury

Prefácio

Ao escrever o prefácio de uma obra, somos tentados a ceder aos primeiros pensamentos espontâneos que levam ao lugar comum da frase "é uma *honra* prefaciar o livro de...". Comigo não foi diferente, mas antes de completar o primeiro parágrafo deixei-me levar por um pensamento a respeito da etimologia da palavra "honra", tão presente nos discursos sobre ética e, em especial, nos diálogos de Quixote, de Cervantes, para quem a honra é tão importante quanto a liberdade, apenas outro nome para dignidade. Honrar é homenagear a virtude, o talento, a coragem e outras qualidades como dignidade, probidade, retidão. Minha satisfação pelo convite para prefaciar este livro está na proporção direta do respeito que tenho pela autora. Cabe então inverter a homenagem recebida, apontando para a direção de Helena Cury, digna representante de nossa comunidade, educadora matemática de primeira grandeza, reconhecida pela retidão e qualidade de seu trabalho, seja como investigadora, orientadora, editora, seja como professora. Tenho-a como uma bússola, estou sempre atento ao que ela vai escrever, sobre que problemas está investigando, sobre quem e sobre o quê está orientando.

Sou privilegiado por ter meu caminho atravessado pela autora, uma aproximação de duas décadas em torno de um interesse comum: os "erros", ou, como a própria autora reforça, as respostas dos estudantes.

A segunda metade dos anos 1980 foi efervescente para a Educação Matemática. Quando conheci Helena Cury, no ano de 1987, tínhamos acabado de organizar o 1º Encontro Nacional de Educação Matemática e estávamos iniciando o processo de construção da SBEM. Foi também o ano em que os brasileiros apresentavam seus primeiros trabalhos no PME.[1] Para mim, um dos fatos marcantes desse ano foi minha participação na reunião da Comissão Internacional para a Melhoria do Ensino da Matemática[2] – a 39ª CIEAEM – realizada em Sherbrooke, Canadá. Esse grupo reunia-se regularmente, desde os anos 1950, cada ano em um país e com um tema específico. *"Rôle de l´erreur dans l´apprentissage et l´enseignement de la Mathématique"* foi a chamada daquele encontro.

A discussão sobre erros em Matemática pareceu-me, na ocasião, estar na ordem do dia, como desdobramento dos estudos sobre "Resolução de Problemas" que dominavam os fóruns internacionais desde o final dos anos 1970, ainda que as primeiras reflexões documentadas sejam encontradas em Hadamard, no pós-guerra.

Meu primeiro contato com a temática dos erros de uma perspectiva investigativa, entretanto, foi em 1985 quando assisti à instigante palestra *"Los errores son buenos"*, proferida por Eduardo Mancera, do México. Nas reuniões do CEM,[3] era frequente ouvir a professora Anna Franchi, que estudava Bachelard, dizer "a criança pode não ter errado, e sim resolvido outro problema". Mas foi a partir da reunião de Sherbrooke que mergulhei para valer na temática dos erros. Não era para menos, um time do quilate de Hans Freudenthal, Anna Krygowska, Raffaella Borasi, Paolo Boero, Anna Sierpinska, Alan Bell e Lelis Paez brindou-nos com conferências sobre vários aspectos relacionados aos erros em Matemática. Interessei-me especialmente pelo subtema "Aproveitamento didático dos erros", que é meu objeto de investigação até hoje.

Foi desse caldo de cultura que tive meu primeiro encontro com Helena, a homenageada neste prefácio. Helena estava interessada em fazer suas pesquisas[4] analisando erros em demonstrações geométricas. Em nosso primeiro encontro, lembro-me de termos trocado algum

---

[1] Grupo Internacional de Psicologia da Educação Matemática

[2] Grupo fundado em 1950 por J. Piaget, J. Diedonné, G. Choquet, C.Gattegno, A. Lichnerowicz, E. W. Beth.

[3] Centro de Educação Matemática de São Paulo.

[4] Análise de erros em demonstrações de Geometria Plana: um estudo com alunos de 3º Grau. 1988. Dissertação (Mestrado em Educação) – Faculdade de Educação, Universidade Federal do Rio Grande do Sul, Porto Alegre, 1988. As concepções de Matemática dos professores e suas formas de considerar os erros dos alunos. 1994. Tese (Doutorado em Educação) – Faculdade de Educação, Universidade Federal do Rio Grande do Sul, Porto Alegre, 1994.

material teórico, em especial os artigos de Raffaella Borasi,[5] que a meu ver, tanto quanto Helena Cury, é referência obrigatória a todos que se interessam pela temática dos erros em Matemática.

Chegamos então à edição deste oportuno *Análise de erros: o que podemos aprender com as respostas dos alunos*. Trata-se de leitura obrigatória para os atuais e futuros pesquisadores, alunos de mestrado ou doutorado em Educação Matemática e, até mesmo, serve como fonte para os trabalhos de conclusão dos cursos de graduação. Nesta obra a autora marca sua posição no destaque que dá para o trabalho com os erros, tanto como metodologia de pesquisa quanto como metodologia de ensino. Fez uma excelente revisão da literatura sobre a temática no Brasil e no mundo, selecionando os trabalhos mais relevantes, discutindo-os sob diferentes perspectivas.

O texto conduz o leitor à ideia de que "o erro se constitui como um conhecimento". Descartando os erros cometidos por desatenção ou descuido, em muitos casos, os erros são hipóteses legítimas baseadas em concepções e crenças adquiridas ao longo da vida escolar. Dessa perspectiva situo o aproveitamento didático de erros, tal como o discutimos em Sherbrooke, em 1987, como uma antecipação do que viria a ser o que hoje chamamos de "Investigações Matemáticas na sala de aula";[6] esta conexão está explicitada nos trabalhos sobre *Inquiry* (BORASI, 1991) e sobre "Ambiente de Inspiração Lakatosiana" (LOPES, 1988).

Destaco o fato de que, em mais de uma passagem, Helena reafirma seu posicionamento sobre a importância da análise das respostas como metodologia do ensino; esse é para mim um ponto chave. Afinal, quem nunca teve pela frente algum aluno que "sobregeneralizou" somando frações, aplicando uma regra análoga à da multiplicação $\frac{a}{b} \oplus \frac{c}{d} = \frac{a+c}{b+d}$. Como esse, há uma longa lista de "erros", observados em alunos de distintas culturas e níveis de ensino, que levam os estudantes a formular hipóteses distintas das esperadas por seus professores, que vão desde os "cancelamentos excêntricos", muitas

---

[5] Conferência proferida em Sherbrooke (1987), resultado das investigações de seu doutorado sobre erros.

[6] Veja *Investigações Matemáticas na Sala de Aula*, de autoria de João Ponte, Joana Brocardo e Hélia Oliveira, desta mesma coleção da Autêntica.

vezes provocados pela cultura do macete, às "saliências visuais". Hoje sabemos da importância de analisar essas respostas, indo além da remediação das mesmas, buscando suas causas e prevendo seus desdobramentos, aproveitando-as como objetos de conhecimento, investigando, com base na resposta, as concepções dos alunos a respeito de conceitos e procedimentos.

A relevância do tema "erros" ou da análise das respostas dos alunos tem importância crucial em muitas outras frentes da Educação Matemática atual, seja na definição de parâmetros curriculares, na análise de materiais didáticos ou na formação de professores.

Li e reli mais este livro desta professora do programa de mestrado da PUCRS, uma profissional que mostra o vigor da comunidade gaúcha de Educação Matemática. Chega de preâmbulos, agora é com vocês, leitor e leitora. Degustem esta preciosa obra como se fosse uma iguaria e, ao final, não se esqueçam de brindar a quem de direito. A honra é toda da autora.

Antonio José Lopes (Bigode)
Educador Matemático

Introdução

Ao corrigir qualquer prova, teste ou trabalho de Matemática, muitas vezes o professor costuma apontar os erros cometidos pelos alunos, passando pelos acertos como se estes fossem esperados. Mas quem garante que os acertos mostram o que o aluno sabe? E quem diz que os erros evidenciam somente o que ele não sabe? Qualquer produção, seja aquela que apenas repete uma resolução-modelo, seja a que indica a criatividade do estudante, tem características que permitem detectar as maneiras como o aluno pensa e, mesmo, que influências ele traz de sua aprendizagem anterior, formal ou informal. Assim, analisar as produções é uma atividade que traz, para o professor e para os alunos, a possibilidade de entender, mais de perto, como se dá a apropriação do saber pelos estudantes.

A análise das respostas, além de ser uma metodologia de pesquisa, pode ser, também, enfocada como metodologia de ensino, se for empregada em sala de aula, como "trampolim para a aprendizagem" (BORASI, 1985), partindo dos erros detectados e levando os alunos a questionar suas respostas, para construir o próprio conhecimento.

Assim, a análise das produções dos estudantes não é um fato isolado na prática do professor; ela é – ou deveria ser – um dos componentes dos planos pedagógicos das instituições e dos planos de aula dos docentes, levando em conta os objetivos do ensino de cada disciplina. Mas há entraves para sua realização, que envolvem aspectos delicados da prática docente, já que, sendo uma *avaliação*, assume o estatuto desta, tocando em sentimentos – *sentir-se aprovado ou rejeitado por alguém* –, em memórias – *ter sido criticado por alguém a quem o aluno atribui autoridade ou ter suas ideias sistematicamente aceitas pela autoridade* –, em questões sociais e econômicas – *ser reprovado implica menores oportunidades de emprego ou de aprovação em exames e maiores gastos, pela repetição do ano letivo ou da disciplina.*

A correção da produção escrita dos alunos, em qualquer circunstância, carrega, para os professores, o que Chevallard e Feldmann (1986) chamam de "pequena crucificação":

> A correção, longe de ser, para o professor, um momento como os outros do processo didático, vivido com igual serenidade, aparece como a prova por excelência, da qual se livra ou da qual, pelo contrário, faz uma pequena crucificação que reaparece regularmente (p. 71).

Neste livro, não trabalharei especificamente com avaliação, ainda que a análise dos acertos e erros esteja implícita nesta atividade. Quero, entretanto, abordar a análise das soluções apresentadas pelos estudantes sob um outro enfoque, a saber, como metodologia de pesquisa e de ensino.

Meu interesse pelo tema teve origem na década de 1980, pela necessidade de buscar fundamentação teórica para a minha dissertação de mestrado (CURY, 1988), visto que, na época, não era fácil encontrar referências sobre o assunto em livros, periódicos ou anais de congressos, especialmente estando longe dos maiores centros de difusão das produções da área de Educação Matemática, em uma época em que não havia as facilidades atuais da internet, das bibliotecas virtuais, etc.

Em uma visita a São Paulo, foi-me sugerido entrar em contato com o professor Antonio José Lopes – o Bigode –, que havia participado de eventos no exterior e que, efetivamente, disponibilizou os primeiros trabalhos que encontrei, em especial uma comunicação de Raffaella Borasi (1987), apresentada em um evento realizado no Canadá. A partir dessas indicações, fui, aos poucos, construindo um referencial que me permitiu analisar erros em demonstrações de Geometria Plana e, posteriormente, continuar as pesquisas, trabalhando com erros em Cálculo Diferencial e Integral. Após 20 anos de estudos, trago, neste livro, uma síntese do que até agora reuni sobre o tema.

Assim, no Capítulo I, são apresentadas obras que considero precursoras da análise de respostas a questões de Matemática, como as de Thorndike, Hadamard, Krutetskii, Newell e Simon, Brousseau, Borasi, para situar cada uma das vertentes investigativas que subsidiaram muitas pesquisas.

No Capítulo II, é feita uma revisão de trabalhos que analisam as respostas dos alunos a questões matemáticas, em testes e provas aplicadas em salas de aula, em situações de pesquisa ou, ainda, em exames oficiais, procurando agrupá-los de acordo com alguns critérios.

No Capítulo III, são apresentados alguns resultados de pesquisas com calouros de cursos de Ciências Exatas, com discussão dos erros cometidos pelos alunos, apontando para futuros professores de Matemática ou para os que estão em formação continuada em cursos de Pós-Graduação, dificuldades que, muitas vezes, não são levadas em conta na Educação Básica.

No Capítulo IV, é detalhada a metodologia empregada em pesquisas já realizadas, em que proponho uma analogia com a Análise de Conteúdo, abordagem usada principalmente em investigações qualitativas.

No Capítulo V, a partir de alguns erros sistematicamente encontrados em muitas das obras citadas e em pesquisas aqui relatadas, são apresentadas sugestões de atividades para uso dos erros em salas de aula do Ensino Fundamental, Médio ou Superior, em especial para cursos de Licenciatura em Matemática.

Finalmente, no último capítulo, sugiro algumas ações, em cada instituição de Educação Básica ou Superior, para desenvolver novas investigações sobre análise da produção escrita dos alunos.

Espero que os colegas encontrem, neste livro, informações, reflexões e sugestões que permitam fazer da análise de erros de seus alunos mais uma ferramenta para o desenvolvimento do processo de ensino e aprendizagem de Matemática.

Capítulo I

As ideias dos precursores

A análise de erros, como abordagem de pesquisa, tem pontos de contato com temas da Educação, da Educação Matemática e da própria Matemática. Ao apontar alguns autores que foram, de certa forma, precursores das pesquisas atuais sob essa abordagem, estou, evidentemente, trazendo minha opinião, que reflete, de alguma forma, minhas concepções sobre Educação e Educação Matemática. Outros colegas poderão basear-se em diferentes pressupostos teóricos e indicar novos nomes; de qualquer forma, apresento uma rápida revisão das obras que escolhi, sugerindo-as, também, como leituras introdutórias para outras fundamentações.

Considero que a análise de erros – ou a análise da produção escrita, seja ela representativa de acertos ou de erros – é uma tendência em Educação Matemática e, para justificar a afirmativa, é necessário, primeiramente, estabelecer como entendo a Educação Matemática como área de conhecimento.

Sabe-se que, dependendo da origem da publicação, encontram-se várias expressões para nomear a disciplina, tais como *Mathematics Education*, *Didaktik der Mathematik*, *Didactique des Mathématiques*, que, em um primeiro momento, são aceitas como sinônimas. As diferenças existentes não prejudicam o uso dos textos e das ideias assumidas pelos pesquisadores dessas correntes.

Explicando os problemas do desenvolvimento da Educação Matemática como ciência, Krygowska (1971) afirma:

COLEÇÃO TENDÊNCIAS EM EDUCAÇÃO MATEMÁTICA

A Didática da Matemática está se desenvolvendo como uma típica disciplina de "fronteira". Toda disciplina independente é caracterizada pela especificidade de seus problemas, de sua linguagem e de seu método de pesquisa. Na sua primeira fase de desenvolvimento, o tema de fronteira tem um *status* vago. Em particular, seus métodos de pesquisa podem ser bastante heterogêneos. Por um lado, a educação matemática desenvolve-se na fronteira da matemática, de sua filosofia e de sua história; por outro, na fronteira da pedagogia e da psicologia (*apud* SKOVSMOSE, 2001, p. 14).

Howson (1973), em sua apresentação dos anais do 2º Congresso Internacional de Educação Matemática, realizado em Exeter, Inglaterra, refere-se às dificuldades da Comissão Organizadora em decidir sobre os temas que deveriam ser abordados, visto ser a Educação Matemática uma área em formação:

A Educação Matemática é um tópico totalmente diferente, em natureza, da Matemática. Embora não haja deficiência de *teorias* na primeira, há uma notável falta de *teoremas*, pois, efetivamente, não há um sistema axiomático aceito que, mesmo de forma incipiente, modele e seja modelado pelo processo educacional (p. 4. Grifos do autor).

Houve, portanto, dificuldades em aceitar a nova disciplina, provavelmente por não se entender que seus conceitos não estavam estruturados em um corpo rígido de proposições com as quais se pudesse modelar a prática. No entanto, na explicitação dos temas que foram abordados no Congresso, Howson (1973) já aponta os que serão, nos anos seguintes, incorporados ao campo da Educação Matemática: Psicologia, Linguagem, processo de ensino-aprendizagem, história e filosofia da Matemática, avaliação em Matemática, atividades extracurriculares em Matemática e novas tecnologias aplicadas ao ensino de Matemática.

Cerca de 30 anos depois, com todos os desenvolvimentos da área, Pais (2001) volta a indagar se "é possível descrever conceitos pedagógicos com a mesma objetividade com que definimos conceitos matemáticos" (p. 9). Apresentando o objetivo de seu livro, o autor afirma que vai analisar a "linha francesa da didática da matemática,

As ideias dos precursores

procurando destacar uma de suas características principais: a formalização conceitual de suas constatações práticas e teóricas" (p. 9).

A análise das produções escritas dos alunos vem sendo realizada sob diferentes enfoques, dependendo dos pressupostos teóricos predominantes nas diversas épocas e locais em que foram desenvolvidas. Radatz (1979, 1980) fez um apanhado geral dos estudos sobre erros realizados na Europa e Estados Unidos desde os primórdios do século XX. Segundo ele, diferenças em termos de pesquisas educacionais e psicológicas, bem como de políticas educacionais e estruturas escolares, originaram investigações de caráter distinto. Nos Estados Unidos, os trabalhos eram orientados, principalmente, pelo comportamentalismo, enquanto na Alemanha, tinham origem nas ideias da Psicologia Experimental, da Gestalt e da Psicanálise e, na Rússia, o pano de fundo eram as mudanças na estrutura escolar e nos procedimentos de pesquisa, apoiados nas ideias marxistas. Portanto, não é de se estranhar que os precursores da análise de erros tenham trazido ideias tão distintas para essa área de pesquisa e, também, que tenha havido dificuldade em sedimentá-la como tendência claramente definida.

A Educação Matemática emprega contribuições da Matemática, de sua filosofia e de sua história, bem como de outras áreas, tais como Educação, Psicologia, Antropologia e Sociologia, sendo seu objetivo o estudo das relações entre o conhecimento matemático, o professor e os alunos, relações estas que se estabelecem em um determinado contexto sociocultural (CURY, 1994). Dessa forma, tópicos que já eram trabalhados por investigadores da área de Psicologia desde o início do século XX, como: as dificuldades encontradas por alunos na resolução de problemas de Aritmética, enfocados por Thorndike e seus colaboradores, nos Estados Unidos; a invenção em Matemática, vista sob um ponto de vista psicológico, como fez Hadamard; as habilidades matemáticas desenvolvidas pelos estudantes em um ambiente escolar, investigadas por Krutetskii, na Rússia e as discussões sobre a teoria da solução humana de problemas, apresentada por Newell e Simon, estão na "fronteira" visualizada por Krygowska e fazem parte das relações entre professor, alunos e conhecimento matemático, justificando, em meu entender, que a análise de erros seja uma tendência em Educação Matemática.

Apresento, a seguir, as ideias de seis pesquisadores cujas contribuições, ainda que sob enfoques distintos, foram – e ainda são – marcantes para que a análise de erros como abordagem de ensino e pesquisa possa contribuir para uma melhor formação matemática dos estudantes, em qualquer nível de ensino.

Thorndike e o início das pesquisas sobre erros

Da Rocha Falcão (2003), ao tecer considerações sobre o surgimento da Psicologia da Educação Matemática, aponta as experiências com animais feitas por Thorndike e Pavlov, no final do século XIX e início do século XX, que inauguraram a perspectiva comportamentalista da aprendizagem. Efetivamente, os psicólogos educacionais, no início do século XX, interessavam-se vivamente pelo processo de aprendizagem e consideravam que, para entendê-lo, era necessário estudá-lo nos animais. Cunningham (1960) comenta que as leis da aprendizagem foram enunciadas com base em experiências feitas em laboratórios com animais e explica: "A aprendizagem é simplesmente o estabelecimento de um elo no sistema nervoso entre um estímulo ou uma situação e uma resposta" (p. 274). Essa é a ideia em que se baseia a teoria do elo estímulo-resposta (S-R).

Conforme Berliner (1993), é costume atribuir a "paternidade" da Psicologia Educacional a Edward Thorndike; porém, antes dele, Wiliam James, Stanley Hall e John Dewey, no final do século XIX, ofereceram visões diferenciadas da Psicologia, em geral, e da Psicologia Educacional, em particular. No entanto, segundo Berliner (1993), Thorndike e suas teorias "estreitaram" o campo da Psicologia Educacional; sua "fé" na Psicologia Experimental e suas experiências com animais afastaram a Psicologia da prática escolar.

À época em que escreveu *The Psychology of Arithmetic*, obra que é fundamental para as considerações sobre os erros, Thorndike trabalhava na Universidade de Columbia, nos Estados Unidos. Ao comentar a formação de hábitos e os exercícios de repetição, Thorndike (1936) expõe a *lei do exercício* – "o uso fortifica e o desuso enfraquece as conexões mentais" – *e a lei do efeito* – "As conexões acompanhadas ou seguidas de estados de satisfação tendem a fortalecer-se; as conexões acompanhadas ou seguidas de estados de aborrecimentos, tendem a enfraquecer-se" (p. 78). Essa última lei, posteriormente, veio a ser conhecida como "princípio do reforço" (RESNICK; FORD, 1990).

Ao referir-se à atividade mental, Thorndike (1936) enfatiza que se devem respeitar os interesses vitais do aluno, procurando não cansá-lo com "dificuldades inúteis". E exemplifica:

> Consideremos o caso da cópia dos números que se devem somar, subtrair ou multiplicar. O esforço visual inerente à cópia dos números é, minuto a minuto, muitas vezes superior ao esforço exigido pela leitura. E, se a criança tem outros deveres a fazer, o trabalho monótono tende a levá-la ao erro, ainda que ponha o melhor dos seus esforços e de sua vontade na execução da tarefa. Então, o raciocínio que aritmeticamente faz certo, dá resultado errado e a criança fica desanimada (p. 27).

Thorndike acreditava que era necessário reforçar os vínculos e os hábitos que permitiriam aos alunos a realização dos cálculos. Descrevia minuciosamente os tipos de exercícios que deveriam ser propostos aos estudantes e, como psicólogo, propunha analisar a capacidade de realizar determinados cálculos até chegar "a estabelecer um conjunto detalhado de hábitos ou de conexões mentais, cada um dos quais se converteria em candidato para sua formação e reforço" (RESNICK; FORD, 1990, p. 28).

Quando os métodos baseados nos exercícios repetitivos começaram a ser criticados por outros psicólogos, Thorndike e seus colaboradores iniciaram investigações sobre as dificuldades relacionadas com problemas de Aritmética. Dessa época, vem um exemplo de pesquisa sobre erros, realizada por Knight e Behrens (*apud* RESNICK; FORD, 1990), que estudaram o comportamento de 40 alunos de 2º ano ao resolverem adições e subtrações de números naturais cujo resultado era inferior a 20, registrando o número de erros cometidos. A quantidade de investigações e de registros dos tipos de erros em operações com números naturais levou os pesquisadores a, posteriormente, propor rotinas (inclusive com auxílio de computador) para analisar os passos mentais necessários para se chegar às soluções.

Apesar de hoje parecerem "estreitas" as ideias de Thorndike, porque ignoram a complexidade do processo de aprendizagem e as influências que sofre, Berliner (1993) considera que ele era "um produto de sua época como nós somos da nossa, e somos obrigados a olhar diferentemente para suas colaborações, assim como ele era obrigado a sustentar as convicções que tinha" (p. 13). Suas ideias e as experiências iniciais de seus seguidores foram aproveitadas posteriormente, e, mesmo atualmente, encontramos alguns trabalhos que avaliam estratégias utilizadas por estudantes para efetuar operações elementares com números naturais.

Cada nova corrente na área da Psicologia Educacional trouxe suas contribuições e moldou novas investigações sobre erros. Assim, Thorndike foi um dos precursores dos estudos sobre erros, ainda que sua visão não tenha prevalecido nas pesquisas das décadas seguintes.

Hadamard e os processos de invenção em Matemática

No início do século XX, Henri Poincaré fez uma célebre conferência na Sociedade de Psicologia de Paris[7] sobre as relações entre consciente e inconsciente no processo de invenção em Matemática. Suas ideias inspiraram Jacques Hadamard a escrever seu *An Essay on the Psychology of Invention in the Mathematical Field,* em 1945, em que, entre vários tópicos abordados, encontram-se algumas considerações sobre erros e falhas cometidas por matemáticos experientes.

Poincaré (2000), reportando-se à gênese da criação em Matemática, pergunta:

> Como é possível o erro em matemática? Uma mente sadia não deveria cometer uma falácia lógica e, contudo, há muitas mentes excelentes que [...] são incapazes de seguir ou repetir sem erro as demonstrações matemáticas que são mais extensas, mas que, no fim das contas, são somente uma acumulação de raciocínios curtos, análogos àqueles que fazem tão facilmente. É necessário acrescentar que os próprios matemáticos não são infalíveis? (p. 85-86)[8]

---

[7] O texto de Poincaré, originalmente publicado em 1908, em *Science et méthode,* foi reproduzido na revista *Resonance,* em 2000, de onde retirei as citações. Por esse motivo, apresento as ideias de Poincaré com esta data.

[8] A tradução desse trecho, assim como de todos os outros em língua estrangeira, foi por mim realizada.

Para discorrer sobre a invenção, Poincaré (2000) prefere narrar suas próprias experiências na criação de determinado tipo de função, em um momento em que, deixando de lado, durante um período de lazer, suas preocupações em resolver um problema, conseguiu, de repente, chegar a uma descoberta importante.

Ponte, Brocardo e Oliveira (2003) comentam o relato de Poincaré e chamam a atenção para o fato de que sua descoberta aconteceu "quando procurava adormecer – sugerindo que o inconsciente desempenha um papel de grande relevo no trabalho criativo dos matemáticos" (p. 14-15).

Com sua narrativa, Poincaré insiste na alternância entre o trabalho consciente e o inconsciente na invenção matemática, na existência de ideias que ficam como que esperando o momento de uma "súbita iluminação", que permite ao cientista a descoberta ou invenção. É o caso de se perguntar, então, se não há, também, essa influência nos erros e lapsos cometidos pelos alunos. Ou, enunciando de outra forma a ideia, não é possível que alguns elos de uma cadeia de raciocínios sejam quebrados com o tempo e a aplicação mecânica de regras seja prejudicada por esses lapsos?

Alertando para a distinção entre invenção e descoberta, Hadamard (1945) também aponta para o fato de que está lidando com um assunto difícil, porque envolve duas ciências, e que, para ser tratado adequadamente, deveria ser desenvolvido por alguém que fosse psicólogo e matemático. Discutindo algumas questões apresentadas a matemáticos, em uma pesquisa sobre seus hábitos mentais e métodos de trabalho, o autor discorre sobre vários tópicos, tais como o inconsciente e a descoberta, o trabalho consciente, os diferentes tipos de mentes matemáticas e a intuição. Entre esses assuntos, me interessam especialmente aqueles que se relacionam mais diretamente com os erros e os processos de resolução de problemas.

Ao introduzir a obra *La enseñanza de las matemáticas y sus fundamentos psicológicos*, Resnick e Ford (1990) esclarecem que, ao invés de perguntar, como psicólogas, sobre como pensam as pessoas, elas vão questionar sobre como pensam *em Matemática*. Assim, ao buscar respostas, consideram ser necessário compreender a estrutura do conteúdo matemático em si, ou melhor, entender como o matemático vê a Matemática. Sem isso, poderiam fazer perguntas psicologicamente interessantes, mas sem "iluminar a psicologia da matemática como ciência. [Por outro lado,] se bastasse saber matemática então os matemáticos seriam bons psicólogos da matemática. Suas próprias reflexões e diálogos com os colegas nos ofereceriam tudo o que fosse importante saber sobre como se aprende e compreende matemática" (p. 16). É interessante notar que Hadamard, de certa forma, antecipa as colocações de Resnick e Ford (1990), dando-se conta de que seria necessário ser psicólogo e matemático para discutir tais assuntos, mas, mesmo assim, segue com sua análise sobre as reflexões dos matemáticos.

Defendendo a diferença entre a Matemática e as ciências experimentais, Hadamard (1945) considera que os matemáticos, quando cometem erros, logo percebem e os corrigem. E acrescenta: "Eu faço muito mais [erros] do que meus estudantes; só que eu sempre os corrijo, de forma que nenhum traço deles permaneça no resultado final" (p. 49). Ora, essa ideia, certamente, era corrente (como parece ser ainda hoje) no trabalho dos matemáticos, que apresentavam somente o produto final, sem as incertezas, as hesitações, as falhas, as idas-e-vindas de seus raciocínios. Dessa forma, essa concepção se reproduzia entre os estudantes e fazia com que seus professores procurassem eliminar os erros, ao invés de aproveitá-los para entender suas dificuldades.

Considerando que as ideias de Hadamard estavam subordinadas ao espírito de seu tempo, suas contribuições foram oportunas, já que desencadearam reflexões sobre o papel da Psicologia no estudo da criação da Matemática. Apontando quatro estágios da invenção – preparação, incubação, iluminação e apresentação precisa do resultado –, o autor questiona as dificuldades dos estudantes em entender Matemática. Segundo ele, muitas vezes, ao tentar ensinar, os professores se debruçam demasiadamente sobre cada parte de um argumento, não apresentando a síntese que representaria o resultado. Se um aluno entende por si só essa síntese, "aprende" a Matemática, mas se ele sente que está faltando algo e não compreende o que está errado, fica totalmente perdido e não consegue superar a dificuldade (HADAMARD, 1945).

Considero que Hadamard foi um dos pioneiros da análise de erros exatamente porque, ao aproveitar ideias de Poincaré e outras contribuições daquela época, ele mostrou a importância da Psicologia para entender os processos de criação e descoberta dos matemáticos e, por conseguinte, deixou várias ideias sobre os processos de aprendizagem: para um aluno, (re)criar um conceito é um processo sujeito às mesmas influências psicológicas que Poincaré e Hadamard visualizavam nas invenções dos matemáticos.

Krutetskii e as habilidades matemáticas

O trabalho mais conhecido do psicólogo russo Vadim Andreevich Krutetskii é *The Psychology of Mathematical Abilities in Schoolchildren*, traduzido do original em 1976, por iniciativa de Kilpatrick e Wirszup. Na introdução à obra, os editores justificam o interesse despertado pelas pesquisas de Krutetskii, especialmente pela engenhosidade e variedade dos problemas usados nas experiências.

Segundo Kilpatrick e Wirszup (1976), na área de Psicologia Educacional nos países ocidentais na primeira metade do século XX, haviam sido realizados grandes desenvolvimentos em pesquisas, mas a metodologia era quase sempre calcada em testes, sobre cujos resultados eram aplicadas técnicas estatísticas. Para investigar habilidades, o método de escolha era a análise fatorial. Mas, questionam os editores, "por que se deve assumir que os escores de testes são a única – ou a melhor – fonte de informação sobre habilidades matemáticas?" (p. xii).

Na União Soviética, em 1936, o Comitê Central do Partido Comunista havia banido o uso de testes mentais, sob a justificativa de que eles não forneciam informação sobre "o nível potencial de desempenho dos alunos ou os processos que eles utilizavam para responder aos itens do teste" (KILPATRICK; WIRSZUP, 1976, p. xii). Assim, Krutetskii, que era responsável pelos estudos sobre habilidades, no departamento de Psicologia Educacional da Academia de Ciências Pedagógicas da antiga União Soviética, dirigiu suas pesquisas para a estrutura e formação das habilidades matemáticas em um trabalho pioneiro, com metodologias variadas e participação de alunos, pais e professores.

Krutetskii (1976) critica largamente os estudos psicométricos ocidentais, especialmente sobre níveis de habilidades, afirmando:

> Um defeito básico na pesquisa com testes é a mera abordagem estatística no estudo e avaliação das habilidades – o tratamento matemático fetichista dos resultados dos testes, com uma completa ausência de interesse em estudar o processo de solução em si (p. 13).

Cazorla (2002), que estudou a obra de Krutetskii para fundamentar sua investigação sobre fatores que interferem na leitura de gráficos estatísticos, ainda acrescenta: "Muitas vezes, resultados iguais podem ter sido produto de processos mentais diferentes e não necessariamente significam a presença da habilidade" (p. 132).

Assim, Krutetskii parece abrir, com sua crítica, um novo caminho para as pesquisas sobre a produção dos alunos, quaisquer que sejam seus objetivos, já que enfatiza a importância de se analisar o *processo* e não apenas o produto, como, por exemplo, a resposta final de um exercício ou a alternativa assinalada em um teste de múltipla escolha. Dessa forma, a análise qualitativa das respostas dos alunos, com uma discussão aprofundada sobre as dificuldades por eles apresentadas, apoiada em investigações já realizadas é, talvez, a melhor maneira de aproveitar os erros para questionar os estudantes e auxiliá-los a (re)construir seu conhecimento.

O foco do trabalho de Krutetskii é a investigação das habilidades matemáticas dos estudantes e, como ele mesmo aponta, vários outros psicólogos e matemáticos deram contribuições nesse sentido, como Binet, Thorndike, Hadamard e Piaget, evidentemente com enfoques distintos. Krutetskii (1976) define "habilidade para aprender matemática", conceito fundamental para seus estudos, como um conjunto de

> [...] características psicológicas individuais (primariamente, características de atividade mental) que respondem às exigências das atividades matemáticas escolares e que influenciam, sendo iguais todas as outras condições, o sucesso no domínio criativo da matemática como uma disciplina escolar – em particular, um domínio relativamente rápido, fácil e completo do conhecimento das destrezas e hábitos em matemática (p. 75).

As ideias dos precursores

Isto posto, o autor aponta as metas a serem atingidas em seus estudos. Resumidamente, ele quer: caracterizar a atividade mental dos alunos matematicamente talentosos ao resolverem problemas matemáticos; criar métodos experimentais para investigar o talento matemático; esclarecer as diferenças tipológicas na estrutura das habilidades e avaliar diferenças de idade nas manifestações das habilidades matemáticas dos estudantes.

Evidentemente, tal programa de pesquisa não pode ser desenvolvido por apenas uma pessoa e em pouco tempo; na verdade, Krutetskii e sua equipe realizaram seus estudos de 1955 a 1966, e a metodologia empregada envolveu, entre outros procedimentos, experiências com grupos de alunos, talentosos ou não, por períodos longos ou curtos, com observação de suas atividades ao resolver problemas e uso, em algumas oportunidades, do "pensar em voz alta" (*think aloud*); discussões com os estudantes, entrevistas com pais, professores e amigos e aplicação de questionários a professores de Matemática e matemáticos, com o objetivo de compreender o que entendiam por "habilidade matemática".

Krutetskii (1976) descreve cada tipo de investigação feita, apontando os problemas apresentados aos alunos, as questões propostas aos professores e matemáticos e a análise detalhada dos dados. Meu propósito, ao apresentar alguns elementos dessa obra, é chamar a atenção para sua abrangência: Krutetskii e seus colaboradores utilizaram vários métodos de pesquisa, fugindo da tradição comportamentalista dos testes; abordaram exercícios e problemas sobre conteúdos os mais diversos, de Aritmética, Álgebra, Geometria e Lógica; pesquisaram grandes amostras de estudantes ou casos únicos; interessaram-se pelas opiniões de pais, professores e matemáticos; enfim, deixaram exemplos que foram ou ainda poderão ser retomados por outros pesquisadores, sob outros pressupostos teóricos, para continuar a discussão sobre as habilidades matemáticas dos estudantes, como o próprio autor sugere, ao concluir sua obra: "Elucidar a natureza psicológica das habilidades matemáticas é uma tarefa para futuras pesquisas" (p. 363).

Desse trabalho do psicólogo russo, considero que, para a análise de erros, além dos vários tipos de problemas propostos, vale a ênfase na observação detalhada da resolução, com o cuidado de registrar o pensamento em voz alta dos estudantes, de questionar suas respostas, para verificar como pensavam ao solucionar as tarefas. Essa é, em meu entender, a maneira de enfatizar o produto – ou seja, enfocar a atenção na produção, escrita ou oral, para, a partir dela, voltar ao aluno e auxiliá-lo a fazer uma análise da sua forma de aprender.

Newell e Simon e a análise dos protocolos de resolução

Allen Newell e Herbert Simon escreveram uma obra que se tornou um clássico do processamento da informação, abordagem da Psicologia Cognitiva que teve sua origem em meados do século XX. Refiro-me à *Human Problem Solving*, publicada em 1972, e que, segundo os autores, é subsidiária das mudanças ocorridas na investigação da resolução de problemas sob o enfoque de teorias surgidas durante a Segunda Guerra Mundial, como a cibernética e a teoria da informação. Segundo Newell e Simon (1972), seus estudos veem o ser humano como um processador de informação, cujo pensamento pode ser explicado por meio dessa nova abordagem cognitiva.

As investigações desses autores têm origem na tentativa de se criar um programa de computador para simular o comportamento de um sujeito ao resolver um problema. Newell, Shaw e Simon (1958) preocupam-se em enfatizar que não estão comparando o comportamento do computador com o do ser humano: "não estamos comparando estruturas do computador com cérebros, nem relés elétricos com sinapses" (p. 153). Consideram que o processamento da informação poderia ser desenvolvido sem o auxílio do computador e que "um programa é, nada mais, nada menos, do que uma analogia para o comportamento de um organismo, assim como uma equação diferencial o é para o comportamento do circuito elétrico que ela descreve" (p. 153).

Com essas ressalvas, os autores apresentam o "Logic Theorist" (LT), um programa capaz de descobrir demonstrações para teoremas de Lógica Simbólica, por exemplo. Alimentado com os axiomas dos *Principia Mathematica*, de Russell e Whitehead, e apresentado aos primeiros 52 teoremas do Capítulo II desta obra, na sequência em que lá se encontram, o LT foi capaz de provar 73% desses teoremas. Para estudar mais a fundo a aproximação do desempenho do programa ao resolver um determinado problema com o de um sujeito exercitando a mesma função, foram impressos alguns resultados intermediários, para compará-los com os passos que um solucionador de problemas produziria, usando lápis e papel ou pensando em voz alta.

Talvez seja possível discordar, em muitos aspectos, dessas experiências iniciais dos autores citados, porque demonstrar os teoremas dos *Principia Mathematica* é uma tarefa formal, sistemática, encadeada, totalmente distinta das etapas pelas quais passa um sujeito que resolve um problema matemático no sentido indicado por Pólya (1985), ou seja, um problema que não se resolve por rotina. É impossível alimentar um computador com todas as diferenças individuais dos solucionadores de problemas, com todas as influências que cada sujeito sofre, em termos de aprendizagem matemática, para poder resolver um problema. No entanto, desde essa primeira experiência com o LT, já surge a técnica a que, mais tarde, Newell e Simon (1972) se referem: "a análise de protocolos verbais é uma técnica típica para verificar a teoria e, de fato, tornou-se uma espécie de marca registrada da abordagem do processamento da informação" (p. 12).

Newell e Simon (1972) analisaram três tarefas propostas a estudantes: um problema de lógica, um jogo de xadrez e o conhecido problema de criptaritmética "Donald + Gerald = Robert". Neste último, por exemplo, os alunos, trabalhando com lápis e papel, recebiam a instrução de que deveriam pensar em voz alta, para que suas verbalizações fossem gravadas e depois transcritas, originando os protocolos. Para iniciar o processo de análise, os pesquisadores "quebravam" o protocolo em pequenas frases codificadas. Tendo anteriormente examinado exaustivamente todas as possibilidades de resolver o problema, compararam-nas com os protocolos originados pelos estudantes.

Porém – e aqui reside, em minha opinião, o segundo ponto de interesse do trabalho de Newell e Simon para a análise de erros –, algumas partes do comportamento resolutivo dos alunos foi determinada por erros específicos por eles cometidos e que não estavam previstos na teoria. Assim, uma teoria de resolução de problemas tem de levar em conta a flexibilidade dos solucionadores e suas características especiais.

Newell e Simon (1972), ao concluírem sua análise dos dados, consideram ter acumulado informações para construir uma teoria da resolução humana de problemas, mas também apontam questões que não foram respondidas. Na verdade, eles consideram que há uma teoria "interna" e outra "externa" sobre a resolução de problemas; a externa proporciona os resultados principais, mas a interna se relaciona, não só aos detalhes do processo, mas aos erros, confusões e explorações erradas que surgem nas soluções.

Meu objetivo, ao trazer algumas informações sobre essa extensa obra, é mostrar que os erros, cometidos pelos solucionadores de problemas, podem ser detectados em protocolos verbais, aproveitando o "pensar em voz alta" e a possibilidade de unitarizar o corpo de informações registradas, elementos que, posteriormente, voltarei a mencionar nas análises realizadas por outros pesquisadores.

Brousseau e os erros constituídos em obstáculos

Entre os diversos pesquisadores franceses que trabalham com a noção de obstáculo epistemológico, parece ser Guy Brousseau quem introduziu essa noção bachelardiana na Didática da Matemática. O texto de Brousseau (1983) foi originalmente apresentado no 28º CIEAEM (*Comission Internationale pour l'Etude et l'Amélioration de l'Enseignement des Mathématiques*), na Bélgica, em 1976. Desde então, suas ideias foram sendo apropriadas por vários outros pesquisadores da Didática da Matemática, como Michèle Artigue (1989), que trabalhou com obstáculos relativos a conceitos de Cálculo Diferencial e Integral, e Habiba El Bouazzoui (1988), que analisou concepções sobre continuidade de uma função.

Bachelard (1996), ao estabelecer o plano de sua obra, *A formação do espírito científico*, enuncia as afirmativas que, posteriormente, foram discutidas pelos pesquisadores em Educação Matemática que fazem parte da "linha francesa":

> Quando se procuram as condições psicológicas do progresso da ciência, logo se chega à convicção de que *é em termos de obstáculos que o problema do conhecimento científico deve ser colocado*. E não se trata de considerar obstáculos externos, como

a complexidade e a fugacidade dos fenômenos, nem de incriminar a fragilidade dos sentidos e do espírito humano: é no âmago do próprio ato de conhecer que aparecem, por uma espécie de imperativo funcional, lentidões e conflitos. É aí que mostraremos causas de estagnação e até de regressão, detectaremos causas de inércia às quais daremos o nome de obstáculos epistemológicos (p. 17. Grifo do autor).

E, ainda nessa parte inicial, Bachelard acrescenta uma observação que se faz importante para a análise das dificuldades de *conhecer* um determinado conteúdo, independente de quaisquer imperativos de idade, sexo, nível de escolaridade, assunto: "No fundo, o ato de conhecer dá-se *contra* um conhecimento anterior, destruindo conhecimentos mal estabelecidos" (p. 17).

Bachelard ainda faz o alerta de que sua obra não vai tratar da formação do espírito matemático, pois, segundo ele, "a história da matemática é maravilhosamente regular. Conhece períodos de pausa. Mas não conhece períodos de erro" (p. 28). Ainda que não concorde com uma afirmativa tão enfática, não vou discuti-la aqui; o que interessa é o fato de que essa concepção de Bachelard sobre o conhecimento matemático parece ter levado os educadores matemáticos a tomarem cuidado com a apropriação da noção de obstáculo epistemológico. Na verdade, eles se apossaram dela, mas a expandiram, para discutir as manifestações dos obstáculos na aprendizagem da Matemática.

Brousseau (1983) também alerta para o fato de que o mecanismo de aquisição do conhecimento que ele descreve em seu artigo se aplica tanto à epistemologia ou à história das ciências quanto à aprendizagem e ao ensino, discorrendo sobre obstáculos e erros.

Segundo Pais (2001), a apropriação da noção de obstáculo epistemológico pelos educadores matemáticos deve ser feita com especial atenção, já que não são tão visíveis, na Matemática, as rupturas entre a descoberta e a sistematização de um conhecimento. Na verdade, os obstáculos que surgem para o matemático, no processo de criação de um determinado conhecimento, nem sempre são divulgados, pois as refutações levantadas por ele ou pela comunidade matemática não são apresentadas no momento da formalização, quando todos os pontos questionáveis já foram esclarecidos.

No entanto, em termos de aprendizagem – e a análise da produção dos estudantes é uma forma de avaliar sua aprendizagem –, os obstáculos *didáticos* podem surgir. É de Pais (2001) esse alerta sobre a nomenclatura mais adequada. Segundo ele, "no plano pedagógico é mais pertinente se referir à existência de *obstáculos didáticos,* [...] conhecimentos que se encontram relativamente estabilizados no plano intelectual e que podem dificultar a evolução da aprendizagem do saber escolar" (p. 44. Grifo do autor).

O mesmo autor, sempre alertando para as críticas a uma transferência apressada da noção de obstáculo epistemológico do contexto da filosofia da ciência para a Pedagogia, propõe uma releitura do pensamento de Bachelard, especialmente no trabalho com a formação de conceitos. No entanto, mesmo levando em conta as críticas, acredito ser possível retomar a noção de obstáculo e aproximá-la da análise de erros.

Brousseau (1983) considera que

> O erro não é somente o efeito da ignorância, da incerteza, do acaso, como se acredita nas teorias empiristas ou behavioristas da aprendizagem, mas o efeito de um conhecimento anterior, que tinha seu interesse, seu sucesso, mas que agora se revela falso, ou simplesmente inadaptado. Os erros desse tipo não são instáveis e imprevisíveis, eles são constituídos em obstáculos. (p. 171)

Essa ideia parece importante, pois Brousseau não está usando, ainda, o adjetivo "epistemológico"; refere-se àqueles erros que são baseados em um conhecimento prévio que não foi adequadamente generalizado ou transposto para uma nova situação. É o caso de um erro muito comum, sobre o qual vou discorrer posteriormente, em que o aluno considera que a raiz quadrada de uma soma é a soma das raízes quadradas das parcelas. Parece que há um conhecimento que funcionou em vários exercícios, a saber, que existindo $\sqrt{a}$ e $\sqrt{b}$, então $\sqrt{a \cdot b} = \sqrt{a} \cdot \sqrt{b}$, e que o estudante falsamente generaliza[9] para

---

[9] Segundo Igliori (1999), esse exemplo está entre os que Artigue denomina de "generalização formal abusiva".

$\sqrt{a+b} = \sqrt{a} + \sqrt{b}$. Se o aluno acertava questões em que era solicitada a raiz quadrada de um produto, parece que ele não consegue separar a visualização daquele esquema, daquela estrutura, para outra situação na qual ele não se sente seguro, como é o caso da raiz quadrada da soma. Podemos supor que o aluno não tenha desenvolvido suficientemente as habilidades que lhe permitiriam transformar a raiz quadrada em uma potência de expoente ½ e então, talvez, lembrar as propriedades válidas e as que não podem ser generalizadas.

Brousseau (1983), evitando também fazer, para a didática, generalizações apressadas da noção bachelardiana, comenta que é melhor analisar caso a caso e que há vários estudos voltados para os obstáculos na constituição dos conceitos. Volta-se, novamente, para os erros, afirmando:

> Um obstáculo se manifesta, pois, por erros, mas estes não são devidos ao acaso [...] Além disso, esses erros, em um mesmo sujeito, são ligados entre si por uma fonte comum: uma maneira de conhecer, uma concepção característica, coerente ainda que não seja correta, um "conhecimento" antigo e que é bem sucedido em todo um conjunto de ações (p. 173-174).

Sobre o "conhecimento" antigo, também D'Amore (2005) se manifesta, acrescentando que, se uma ideia teve sucesso na resolução de um problema precedente, há uma tendência a conservá-la, mesmo que se mostre ineficaz na aplicação a um novo problema. Talvez por isso, Brousseau (1983) afirme que tal tipo de erro não desaparece, mesmo depois que o próprio sujeito já se deu conta dele.

Ao enfocar a noção de obstáculo e aproximá-la da ideia de erro, outro ponto importante a considerar é que o obstáculo *é* um conhecimento. Assim sendo, o aluno constrói esse conhecimento relacionando-o com outros, em diferentes contextos, tentando adaptá-lo às novas situações e resistindo em abandoná-lo. É por esse motivo que se torna tão difícil superá-lo, já que, para isso, o aluno (e o professor, por suposto) terá de trabalhar da mesma forma que o faz quando da construção de um novo conhecimento, com o agravante de que o "falso" saber (aquele que funcionava bem no contexto anterior) estará, ainda, por trás da nova construção.

Borasi e a taxionomia do uso dos erros

Raffaella Borasi, nas duas últimas décadas do século XX, produziu textos que estão entre as referências obrigatórias para aqueles que enfocam os erros como construtores do conhecimento. Graduada em Matemática na Itália, Borasi fez seu doutorado na State University of New York, em Buffalo, sob orientação de Stephen Brown. Aprofundou seus estudos sobre história e filosofia da Ciência, especialmente focando obras que apresentam uma visão mais humanista e construtivista da Matemática, como as de Lakatos, Kuhn e Kline. Borasi (1996) considera que as contribuições filosóficas que buscou nesses autores e trouxe para a análise de erros permitem responder a questões desafiadoras, tais como: "o que aconteceria se aceitássemos esse resultado? [ou] em que circunstâncias esse resultado pode ser considerado correto?" (p. 29), referindo-se a determinados resultados, apresentados pelos alunos em suas produções escritas. Essas perguntas são a base de suas propostas de atividades para utilizar os erros para pesquisa e ensino em Matemática.

Seu trabalho se inseriu nos objetivos da reforma da Matemática escolar nos Estados Unidos, que sugeria aos professores abandonar a simples transmissão de conhecimentos e tentar, com experiências em sala de aula, encorajar os alunos a explorar e verbalizar suas ideias, raciocinar e argumentar.

Borasi (1996) considera que, se os alunos são pressionados pelo sistema escolar, os erros por eles cometidos são frustrantes, porque os fazem perder tempo e despender esforços na tentativa de evitar a reprovação. No entanto, se a ênfase da avaliação dos estudantes se desloca do produto para o processo, há a possibilidade de que os erros cometidos venham a ser discutidos e possam ser fonte de novas aprendizagens.

Borasi (1996) propõe ambientes de aprendizagem nos quais o potencial dos erros pode ser aproveitado. Sua ideia é usar determinado erro para questionar se o resultado incorreto pode verificar-se, ao invés de tentar eliminá-lo. Por exemplo, um erro bastante comum (e, segundo ela, pesquisado por vários educadores matemáticos) é ilustrado por $\frac{3}{4} + \frac{6}{7} = \frac{9}{11}$. Ao invés de tentar eliminar o erro, reexplicando o processo, recitando a regra da adição de frações e solicitando aos alunos que refaçam o cálculo – o que se mostra ineficiente na maior parte das vezes, especialmente em relação a erros resistentes –, ela sugere que o professor, por exemplo, proponha aos alunos investigar se há algumas frações em que essa "regra" da adição, por eles inventada, funcione.

Evidentemente, essa pergunta leva ao aprofundamento do assunto, pois, se o estudante havia "decorado" uma regra e a esquecido, posteriormente, prendendo-se simplesmente a uma "sobregeneralização"[10] da regra da multiplicação de frações, a busca de respostas para o questionamento, sob a orientação do professor, vai envolver resolução de problemas em um sentido criativo.

Dependendo da turma e do nível de ensino, podem ser aceitas as linhas de investigação sugeridas por Borasi (1996):

> – há outras operações com frações onde numeradores e denominadores são combinados separadamente?
> – há algumas frações para as quais os resultados da adição com a regra-padrão e com a regra alternativa são iguais ou, pelo menos, "suficientemente próximos"? (p. 8).

No primeiro caso, os estudantes revisarão o que já sabem sobre frações e chegarão, provavelmente, à constatação de que usavam a regra para a multiplicação de frações. No segundo caso, a proposta é mais interessante, pois, ainda que o professor reexplique a regra-padrão, ela não estará sendo "decorada", mas utilizada em uma busca que vai envolver diferentes estratégias. Ou seja, partindo da regra incorreta e elaborando situações didáticas motivadoras, é possível fazer uso do erro como "trampolim para a aprendizagem", expressão usada por Borasi (1985), ao introduzir uma coletânea de artigos sobre erros.

Uma das contribuições mais interessantes dessa autora é o que ela chama de "taxionomia de usos dos erros como trampolins para a pesquisa", que apresenta em um quadro sucessivamente

---

[10] Uso a palavra "sobregeneralização" como tradução de "overgeneralization", mas também emprego a expressão "falsa generalização", com referência ao mesmo problema.

reformulado (BORASI, 1987, 1988, 1996), reproduzido, aqui, com algumas adaptações e simplificações da última versão:

Quadro 1 – Taxionomia de Borasi para os usos dos erros

Objetivo da aprendizagem	Nível de discurso matemático		
	Realização de uma tarefa matemática específica	Compreensão de algum conteúdo técnico-matemático	Compreensão sobre a natureza da Matemática
Remediação	Análise de erros detectados, para compreender o que houve de errado e corrigir, de forma a realizar a tarefa com sucesso.	Análise de erros detectados, para esclarecer más interpretações de um conteúdo técnico-matemático.	Análise de erros detectados, para esclarecer más interpretações sobre a natureza da Matemática ou de conteúdos específicos.
Descoberta	Uso construtivo de erros no processo de resolução de um novo problema ou tarefa; monitoramento do trabalho de alguém, para identificar potenciais enganos.	Uso construtivo de erros ao aprender novos conceitos, regras, tópicos, etc.	Uso construtivo de erros ao aprender sobre a natureza da Matemática ou de algum conteúdo matemático.
Pesquisa	Erros e resultados intrigantes motivam questões que geram pesquisas em novas direções e servem para desenvolver novas tarefas matemáticas	Erros e resultados intrigantes motivam questões que podem levar a novas perspectivas sobre um conceito, regra ou tópico não contemplado no planejamento original.	Erros e resultados intrigantes motivam questões que podem levar a *insights* e perspectivas inesperadas sobre a natureza da Matemática ou de algum conteúdo matemático.

Fonte: BORASI, 1996.

As ideias dos precursores

Essas nove maneiras de usar os erros podem surgir separadas ou combinadas. Por exemplo, em um determinado momento, um professor pode estar interessado apenas em remediar os erros que detecta nas produções de seus alunos, mas, posteriormente, ou com outra turma, pode encontrar um resultado intrigante que o leva a aprofundar-se no conteúdo matemático ou, mesmo, a propor a seus alunos que se engajem com ele na pesquisa. Assim, dependendo dos objetivos com que o erro é empregado e do nível de abstração com que é examinado, podemos transitar por essas diversas formas de se trabalhar com análise de erros.

Como exemplo de uso didático dos erros como instrumentos de descoberta, Borasi (1989, 1996) apresenta uma experiência em um curso de formação de professores de Matemática, com erros em definições de circunferência. As definições tinham sido produzidas por estudantes de *high school* e foram apresentadas aos professores (em formação ou já atuando no ensino de Matemática), para que fossem discutidas e classificadas. Os professores, trabalhando em grupo, discutiram, estabeleceram critérios de classificação, reestudaram tópicos de Geometria, Geometria Analítica, Topologia e Geometria Diferencial e, com isso, os erros foram geradores de novas aprendizagens, inclusive sobre a natureza das definições em Matemática.

Em todas as experiências de uso dos erros, relatadas por Borasi, destacam-se as discussões, registradas pela pesquisadora, que permitiram não só o desenvolvimento de sua própria pesquisa sobre uso dos erros, como também a utilização desses erros para o ensino de Matemática. Nesse sentido é que Borasi (1996, p. 3) considera serem os erros "oportunidades para aprendizagem e pesquisa", afirmativa com a qual concordo e na qual me baseio para o desenvolvimento de pesquisas na área, bem como no uso que tenho feito dos erros durante mais de duas décadas.

As ideias desses precursores da análise de erros vêm sendo retomadas, aprofundadas, modificadas e iluminadas por novas teorias, de acordo com as concepções dos investigadores e os objetivos de suas pesquisas. No capítulo seguinte, são apresentados alguns exemplos de trabalhos sobre a análise da produção escrita dos estudantes realizadas no Brasil e no Exterior.

Capítulo II

Alguns exemplos de trabalhos sobre análise de erros em questões matemáticas

As pesquisas sobre as soluções apresentadas pelos alunos a questões de Matemática têm origem em diversas vertentes, algumas das quais apontadas no capítulo anterior. Para se ter uma visão geral dos trabalhos de análise dessas produções, foram coletados artigos, comunicações em congressos, dissertações e teses produzidos no Brasil ou no Exterior por cerca de 20 anos. O resultado é uma lista de referências que, mesmo quando seus autores não mencionam a análise de erros, são indicativos de como esses investigadores têm-se debruçado sobre as respostas às questões propostas a alunos de Matemática, em qualquer nível de ensino.

Para fazer uma classificação desse material, inspirei-me no trabalho de Fiorentini (1994), que investigou a pesquisa acadêmica em Educação Matemática no Brasil de 1971 a 1990. Porém, além da diversidade dos textos coletados (artigos, trabalhos em anais, dissertações e teses) e do fato de que não me detive na produção de determinado período, ainda encontrei a mesma dificuldade de classificação relatada por Fiorentini (1994, p. 119): "[...] alguns trabalhos, dependendo da maneira como abordam seus temas, tanto podem estar num só foco temático, como em dois ou até em três". Assim, optei por separar 40 trabalhos – 20 de autores estrangeiros e 20 de brasileiros – e apresentar alguns dos seus elementos, posteriormente organizados em quadros.

Tendo arrolado esse material, esclareço que é um conjunto de exemplos organizado a partir de categorias que vão, posteriormente, ajudar a sugerir atividades para uso dos erros em sala de aula. Dessa forma, acredito que essa exemplificação da produção em análise de erros poderá ser aproveitada pelos leitores de acordo com seus interesses de estudo ou atuação profissional.

Os primeiros trabalhos de autores estrangeiros trazem a ideia de contagem de erros, e os resultados das pesquisas mostram extensas tabelas com percentagens de erros de cada tipo detectado. Assim, Smith (1940a, 1940b) trabalhou com erros em exercícios de Geometria, desde construções, até demonstrações. Um erro detectado por Smith é o que consiste em assumir a congruência de ângulos em um triângulo apenas pela aparência da figura. Tal problema é um dos mais comuns e também surge, mais tarde, nos trabalhos de Movshovitz-Hadar e colaboradores (1986).

Já Hutcherson (1975), em sua tese de doutorado, reaplicou testes que haviam sido empregados em 1927 em uma pesquisa de mestrado que fez uma análise psicológica da resolução de problemas em Aritmética. Hutcherson incorporou a solicitação do "pensar em voz alta", procedimento que é empregado, até hoje, em muitas investigações sobre erros.

Alguns autores apresentaram dados coletados de sua experiência em sala de aula, em provas ou exames oficiais. É o caso de Kent (1978), que não se preocupou em quantificar os erros, mas em discutir com os estudantes as razões pelas quais os erros foram cometidos. Também Movshovitz-Hadar, Inbar e Zaslawsky (1986) apresentaram classificações de erros em demonstrações de Geometria e, posteriormente, em tópicos variados, aproveitando dados de um exame geral aplicado a estudantes no final do 11º ano de estudos. Os erros foram classificados e analisados, e os autores alertam, ainda, para a possibilidade de que alguns deles sejam causados pela formulação das questões, feita pelo professor.

Schechter (2006) também coleta e classifica erros, apresentando-os em sua página na internet, e muitos dos problemas por ele analisados são citados em investigações aqui apresentadas.

Um artigo clássico da análise de erros é o de Radatz (1979), que faz um levantamento de classificações sobre erros. Seu trabalho foi complementado no artigo de 1980, em que sintetiza os trabalhos existentes, sendo essas duas publicações referenciadas pela maior parte dos pesquisadores que desenvolveram análises de erros. Outros investigadores que fizeram revisões da literatura da área, mostrando as classificações e aproveitando-as para discutir resultados de pesquisa, são Clements (1980), Sánchez (1990), Mancera (1998) e Engler *et al.* (2004). O primeiro autor discute um método de análise de erros usado por Newman e posteriormente modificado por Casey (*apud* Clements, 1980). Sánchez revisa investigações sobre concepções errôneas, tomando exemplos de Aritmética, Álgebra, Geometria e Análise. Mancera revisa publicações, extraindo exemplos do que chama "folclore matemático". Engler e colaboradoras revisam classificações de erros, com o objetivo de despertar o interesse para o assunto.

Bessot (1980), ao preocupar-se com a construção na noção de número natural por crianças de 6 a 7 anos, mostra a visão piagetiana do erro; Borasi (1989), ao colocar em segundo plano a preocupação com a eliminação dos erros e usá-los para (re)construir conhecimento, também evidencia uma concepção construtivista, presente nas suas obras, já citadas no capítulo anterior.

Galletti e colaboradores (1989) mostram uma experiência em que erros ocultos levam a conclusões contraditórias; seu objetivo é desenvolver nos alunos uma atitude mental favorável à elaboração de hipóteses, à crítica e à criatividade.

Gómez (1995), revisando a literatura a respeito de métodos de cálculo e de teorias explicativas sobre erros, aplicou testes de cálculo mental a alunos de um curso de formação de professores, analisando os erros, estabelecendo uma classificação e discutindo, posteriormente, as respostas, permitindo aos futuros mestres uma reconstrução de noções de Aritmética.

Aguilar (1994) trabalhou com as representações da ideia de variação em fenômenos dinâmicos com alunos que concluíam o curso primário e com os que ingressavam no secundário. Com base nos dados apresentados em quadros de frequência, a autora considera que "estamos longe de propiciar no aluno o desenvolvimento de um pensamento quantitativo e relacional como um instrumento de compreensão, interpretação e expressão de fenômenos sociais e científicos" (p. 81).

Há, ainda, trabalhos com alunos dos últimos anos pré-universitários ou dos anos iniciais de cursos universitários, em que os conceitos fundamentais para a aprendizagem de disciplinas matemáticas de cursos superiores são abordados. É o caso do trabalho de Guillermo (1992), que classifica erros de alunos de 14 a 20 anos em exercícios que envolvem propriedades das operações algébricas, encontrando problemas que vão repetir-se em outros estudos, como as falsas regras para operar com racionais, as dificuldades com produtos notáveis, etc. Pochulu (2004) também aplicou um instrumento a alunos ingressantes na universidade e entrevistou professores sobre os erros encontrados, concluindo que a correção sistemática dos erros não favorece sua eliminação. Sua proposta coincide com a de Borasi, de usar estratégias em sala de aula em que os erros possam ser discutidos.

Esteley e Villarreal (1996) trabalharam com alunos de cursos de Agronomia ao resolver problemas sobre funções, limites e continuidade, categorizando os erros, apresentando as percentagens de cada tipo e exemplificando. Um erro por elas detectado consiste na desconexão entre a representação analítica e a gráfica de uma função; erro também encontrado nas pesquisas realizadas no mesmo período sobre os mesmos conteúdos, evidenciando as influências das leituras disponíveis na época. Também sobre conteúdos de Cálculo Diferencial e Integral é o trabalho de Bin Ali (1996), sob orientação de Tall, em que são estudados os passos empregados por estudantes na resolução de exercícios de derivação ou integração, apresentando em quadros as soluções típicas dos estudantes.

Del Puerto e colaboradores (2006) aplicaram um teste a alunos de final do Ensino Médio e início de cursos universitários, tomando como modelo a classificação de Radatz e considerando, também, que uma "biblioteca de erros típicos" pode ajudar o professor a planejar atividades que auxiliem os alunos em suas dificuldades.

Para dar uma visão geral, os trabalhos escolhidos são apresentados no Quadro 2, com elementos que permitem selecioná-los de acordo com o país de origem do autor ou dos participantes, a época, o nível de ensino e o conteúdo.

Alguns exemplos de trabalhos sobre análise de erros em questões matemáticas

Quadro 2 – Classificação de trabalhos de autores estrangeiros

Autor(es)	País de origem do(s) autor(es) ou dos alunos investigados	Ano de divulgação do trabalho	Ano de escolaridade, curso ou faixa etária dos participantes	Conteúdo abordado
Smith	Estados Unidos	1940	10° ano	Demonstrações de Geometria
Hutcherson	Estados Unidos	1975	6° ano	Problemas de Aritmética
Kent	Inglaterra	1978	11 a 19 anos	Variado
Radatz	Alemanha	1979	-	Classificações de erros
Clements	Austrália	1980	6° ano	Problemas de Aritmética
Bessot	França	1980	6 a 7 anos	Noção de número natural
Movshovitz-Hadar; Inbar e Zaslavsky	Israel	1986	11° ano	Demonstrações de Geometria
Galletti	Itália	1989	11 a 14 anos	Geometria Plana e propriedade distributiva da multiplicação em relação à adição
Borasi	Estados Unidos	1989	Curso de formação de professores	Definições de circunferência
Sanchez	Espanha	1990	-	Concepções errôneas
Guillermo	México	1992	14 a 20 anos	Álgebra
Aguilar	México	1994	11 a 13 anos	Razão e proporção
Gómez	Espanha	1995	Curso de formação de professores	Cálculo mental
Esteley; Villarreal	Argentina	1996	Ensino Universitário	Funções, limites, continuidade
Bin Ali e Tall	Malásia	1996	Não específico	Derivadas e integrais
Mancera	México	1998	Não específico	
Engler *et al.*	Argentina	2004	Não específico	Classificações de erros
Pochulu	Argentina	2004	Pré-universitário	Variado
Del Puerto; Minnaard e Seminara	Argentina	2006	Pré-universitário e início de curso superior	Álgebra e funções
Schechter	Estados Unidos	2006	Ensino Universitário	Variado

Revendo os textos coletados sobre a produção de autores brasileiros, não foi possível encontrar material anterior à década de 1980. Acredito que existam, mas talvez tenham sido publicados em periódicos de outras áreas ou com pouca divulgação. Os primeiros trabalhos listados analisam questões de provas ou testes, com tabelas de percentagem de acertos, erros e questões em branco, como até hoje é feito. É o caso do artigo de Crepaldi e Wodewotzki (1988), em que as autoras usam uma amostra de cerca de 2.300 provas de alunos de Ensino Médio, com conteúdos variados, tendo sido destacados erros em tópicos nos quais outros pesquisadores já haviam detectado problemas, como operações com frações, conceito de percentagem e fatoração. Moren, David e Machado (1992) também aplicaram testes em uma amostra de cerca de 1.300 alunos, codificando respostas e fazendo tratamento estatístico dos resultados.

Publicado originalmente em francês e apresentado em evento no Canadá, em 1987, com versão posterior em português, o trabalho de Lopes (1988), apresenta a ideia de exploração didática dos erros, construindo "ambientes de verdades provisórias", em que os alunos são estimulados a exercitar a crítica, a explorar conjecturas e formular problemas.

Ainda é encontrado, na primeira fase dos trabalhos sobre erros, um projeto de Iniciação Científica, em que um aluno (Guimarães Jr., 1989) apresenta um protótipo de um sistema de diagnóstico automático de erros – com base em trabalhos realizados na Califórnia –, com auxílio de computador, evidenciando a influência das investigações da área de processamento da informação.

Sobre demonstrações em Geometria Plana, tem-se a dissertação de mestrado de Cury (1988), em que são aplicadas três questões a alunos de um curso de Licenciatura em Matemática, analisando os erros cometidos e tecendo hipóteses sobre suas causas.

Trabalhos sobre erros cometidos por alunos das séries iniciais do Ensino Fundamental também foram publicados, como o de Batista (1995), que classifica erros de estudantes de 2ª a 4ª séries em operações aritméticas, exemplificando-os. Em tese de doutorado, Pinto (1998) analisa em profundidade uma turma de 4ª série, com entrevistas, observações e análise de documentos, concluindo sobre a necessidade de os professores desenvolverem novas competências para trabalhar o erro do aluno.

Bathelt (1999), após uma extensa revisão da literatura, apresenta um teste aplicado a alunos de 5ª série sobre operações com números naturais, fracionários e decimais, analisando o conteúdo das respostas, detalhadamente, para verificar o que o aluno sabe e como o sabe.

No Paraná, foi desenvolvida a pesquisa de Souza (2003), de cunho etnográfico, buscando causas que levam alunos de Ensino Fundamental a não apresentar bom rendimento em Matemática. Os conteúdos nos quais se identificou os erros mais frequentes foram números inteiros e racionais, equações e noções de perímetro e área.

Baldino e Cabral (1999) trabalharam com cursos superiores e discutiram as dificuldades de um estudante ao calcular uma integral definida, relatando o diálogo entre professor e aluno em uma aula de recuperação paralela. Sua orientação pedagógica, detalhada, por exemplo, em Cabral e Baldino (2004), traz à discussão elementos de Psicanálise, especialmente de orientação lacaniana.

As ideias de Krutetskii apoiam o trabalho de Valentino e Grando (2004), que aplicaram um questionário com problemas de Álgebra Elementar a um aluno de um curso de Licenciatura em Matemática, descrevendo as respostas e as classificando de acordo com tendências do ensino de Álgebra.

Outro trabalho que se apoia em Krutetskii é a tese de Utsumi (2000), que não tem como objetivo a análise de erros, mas de habilidades e atitudes de alunos ao resolver problemas algébricos. Tendo aplicado cinco problemas a alunos de Ensino Fundamental, a autora emprega o pensar em voz alta e a análise de protocolos característicos da abordagem do processamento da informação, analisando detalhadamente as produções escritas dos estudantes.

No Mestrado em Educação Matemática da Pontifícia Universidade de São Paulo (PUC-SP), foram produzidas algumas dissertações que analisam erros. Ribeiro (2001) analisa procedimentos e estratégias empregados por alunos de 8ª série do Ensino Fundamental ao resolver as mesmas questões de Álgebra aplicadas no Sistema de Avaliação do Rendimento Escolar do Estado de São Paulo (SARESP/1997). Freitas (2002), apoiando-se em autores que apresentam concepções e erros em Álgebra, analisa as resoluções de equações de 1º grau de alunos de 1º ano do Ensino Médio, categorizando os erros encontrados. Notari

(2002), preocupando-se em analisar não só acertos e erros, mas também os procedimentos empregados pelos alunos na simplificação de frações aritméticas e algébricas, trabalha com estudantes de 8ª série do Ensino Fundamental e de 1º ano do Ensino Médio.

Um grupo de pesquisa sediado no Mestrado em Ensino de Ciências e Educação Matemática da Universidade Estadual de Londrina, coordenado pela Profª Regina Buriasco, tem analisado a produção escrita de alunos que realizaram a prova de questões abertas de Matemática da Avaliação Estadual do Rendimento Escolar do Paraná (AVA/2002), com quatro dissertações já defendidas. Entre elas, cito como exemplo a de Silva (2005), que estudou a produção dos alunos de 4ª série, e a de Perego (2006), que analisou as questões aplicadas a alunos de 8ª série. Tanto os acertos como os erros são estudados pelo grupo, pois pretendem entender como alunos e professores lidam com questões abertas de Matemática.

No Programa de Pós-Graduação em Educação Matemática da UNESP de Rio Claro, também são encontrados exemplos de trabalhos que analisaram dificuldades dos alunos. Apoiando-se em um referencial construtivista, Gusmão (2000) produz uma dissertação inovadora em forma e conteúdo, encenando diálogos em que se evidencia o papel preponderante das emoções na aprendizagem de Matemática e considerando-as "obstáculos emocionais" que induzem ao erro. Milani (2002) transcreve e analisa encontros realizados com um grupo de alunos de Cálculo I para entender as dificuldades e os conflitos encontrados quando esses estudantes lidam com conceitos de Cálculo segundo a abordagem infinitesimal. Allevato (2005) investiga a relação entre o que fazem os alunos em sala de aula e em laboratório de informática ao resolver problemas sobre funções. Ainda que não tenha como foco a análise de erros, a autora salienta que as atividades com o *software Winplot* permitiram que fossem detectadas deficiências em conteúdos matemáticos do Ensino Fundamental e Médio.

Novamente, para apresentar de forma sintetizada os dados dos trabalhos referidos, são indicados, no Quadro 3, o(s) autor(es), data de divulgação do trabalho, estado da Federação, nível de ensino e conteúdo. Os níveis de ensino foram indicados pelas siglas: EF (Ensino Fundamental), EM (Ensino Médio) e ES (Ensino Superior).

Quadro 3 – Classificação de trabalhos de autores brasileiros

Autor (es)	Ano de divulgação do trabalho	Estado em que se realizou a pesquisa	Série e nível de ensino	Conteúdo
Lopes	1987	SP	EF	Ambientes de "verdades provisórias"
Crepaldi; Wodewotzki	1988	SP	EM	Variado
Cury	1988	RS	ES	Demonstrações de Geometria
Guimarães Jr.	1989	RJ	Séries iniciais do EF	Programa para diagnóstico automático de erros em subtração
Moren; David e Machado	1992	RJ e MG	3ª a 6ª séries do EF	Sistema de numeração e operação de subtração
Batista	1995	SP	2ª a 4ª séries do EF	Operações aritméticas
Pinto	1998	SP	4ª série do EF	Problemas de Aritmética
Baldino e Cabral	1999	SP	ES	Técnicas de integração
Bathelt	1999	RS	5ª série do EF	Ideia de número e operações com frações
Gusmão	2000	BA	ES	Emo/0ções diante do erro
Utsumi	2000	SP	6ª a 8ª séries do EF	Resolução de problemas algébricos
Ribeiro	2001	SP	8ª série do EF	Álgebra
Notari	2002	SP	8ª série do EF e 1ª série do EM	Frações aritméticas e algébricas
Freitas	2002	SP	1ª série do EM	Equações de 1º grau
Milani	2002	SP	ES	Conceitos de Cálculo
Souza	2003	PR	6ª série do EF	Variado
Valentino; Grando	2004	SP	ES	Álgebra elementar
Allevato	2005	SP	ES	Funções
Silva	2005	PR	4ª série do EF	Variado
Perego	2006	PR	8ª série do EF	Variado

Tendo feito esse apanhado de 40 trabalhos relacionados com a análise de produções escritas de estudantes de Matemática, noto alguns pontos em comum. As quatro operações, ensinadas nas séries iniciais do Ensino Fundamental, têm sido objeto de estudo de vários pesquisadores, enfocando, também, o conceito de número e o sistema de numeração decimal.

Os conteúdos de Álgebra, especialmente fatoração, simplificação, produtos notáveis e equações, são analisados em alguns trabalhos, evidenciando a importância de sua aprendizagem para estudos posteriores, como os de Cálculo Diferencial e Integral. Ainda foram analisados, especialmente em trabalhos mais antigos, problemas envolvendo Geometria Plana.

No Ensino Superior, os conceitos básicos do Cálculo – funções, limites, derivadas e integrais – foram citados, sempre apontando as dificuldades nos cálculos e no esboço de gráficos.

Ainda que os pesquisadores tenham como objetivo entender os erros cometidos pelos alunos e descobrir suas causas, para remediá-los ou para aproveitá-los como "ferramentas para a aprendizagem", parece que a dificuldade maior com que se deparam é relacionada à falta de atividades que desafiem o aluno a querer modificar sua atitude face àquele erro.

Esteban (2002) relata uma experiência com professoras alfabetizadoras, em que o grupo indagou "o que as crianças que erravam mais demonstravam *saber*, e o que as que acertavam mais revelavam *não-saber*", dedicando-se, em seguida, a "investigar que conhecimentos estavam presentes nas respostas erradas e que desconhecimentos nos indicavam as respostas certas" (p. 145. Grifos do autor). Efetivamente, detectar os erros dos alunos apenas para conhecê-los, algumas vezes citando-os como "piadas", não os ajuda a se conscientizarem das dificuldades. Acredito ser necessário compreender o que o aluno "sabe", ou melhor, como determinado conhecimento, estabelecido em certo momento de sua história de vida, está funcionando como obstáculo para a superação da dificuldade e o que suas respostas "decoradas" estão encobrindo em termos de não conhecimento.

Tendo apontado essas análises de dificuldades de estudantes de vários níveis de ensino, apresento, a seguir, alguns exemplos de análise de erros em questões relacionadas com conteúdos de Ensino Fundamental e Médio, aplicadas a calouros de cursos de Ciências Exatas.

Capítulo III

Exemplos de classificação e análise de erros: uma pesquisa com calouros de cursos superiores

Para exemplificar a sistemática de análise de erros em questões de Matemática, trago resultados parciais de uma investigação que foi realizada com 368 alunos calouros de nove instituições de Ensino Superior brasileiras. O projeto, intitulado "Análise de Erros em Disciplinas Matemáticas de Cursos Superiores"[11] é desenvolvido por 14 docentes de cursos da área de Ciências Exatas, como Licenciatura em Matemática, Engenharia, Arquitetura e Ciência da Computação, em disciplinas de primeiro semestre desses cursos. Algumas turmas são formadas por alunos de Cálculo I, outras, por estudantes de Álgebra Linear e Geometria Analítica, outras, ainda, por calouros de Fundamentos da Matemática, disciplina que pode incluir noções de Matemática da Educação Básica ou alguns conceitos que têm sido inseridos em cursos de Pré-Cálculo.

Para os colegas interessados em trabalhar com as respostas dos alunos, sendo pesquisadores de sua própria sala de aula, acredito ser interessante conhecer algumas tentativas já realizadas, pois, como questionam Araújo e Borba (2004, p. 25), "como realizar uma pesquisa na área das Ciências Sociais se passamos boa parte de nossas vidas trabalhando com as Ciências Exatas?". Assim, mostra-se que toda investigação vai se construindo aos poucos, com o apoio de investigadores que já trilharam os caminhos da pesquisa em temas correlatos.

---

[11] O projeto é financiado pelo CNPq e tem término previsto para março de 2007.

O objetivo da investigação, além de analisar e classificar os erros apresentados pelos alunos participantes, é desenvolver estratégias de ensino que possam auxiliá-los em suas dificuldades, haja vista a excessiva repetência e evasão em turmas de alunos calouros, especialmente nas disciplinas de Cálculo. Assim, foram elaboradas 12 questões de múltipla escolha, envolvendo conteúdos da Educação Básica, e o teste foi aplicado nas primeiras duas semanas de curso, de modo que os estudantes mostrassem apenas os conhecimentos que traziam do Ensino Médio e, dessa forma, fosse possível detectar, logo no início, as suas maiores dificuldades. Teve-se o cuidado de elencar questões cujos conteúdos estivessem de alguma forma relacionados com as dificuldades encontradas, em geral, no ensino de tópicos de Cálculo, como esboço de gráficos de funções, cálculo de limites, derivadas e integrais; dificuldades estas que não dependem do conhecimento de conteúdos específicos do Cálculo Diferencial e Integral, mas que têm origem em noções de Matemática Básica (Cury, 2004).

Neste capítulo, escolhi duas questões para analisar. A primeira, que foi a mais acertada (54% de acertos), tem o seguinte enunciado:

Um produto foi revendido por R$ 1.035,00, com um lucro de 15% sobre o preço de compra. Esse produto foi adquirido por:

a) R$ 1.020,00   b) R$ 1.000,00   c) R$ 935,00   d) R$ 900,00 e) R$ 835,00

É interessante notar que, apesar da solicitação dos pesquisadores para que os alunos somente assinalassem uma das alternativas, após terem resolvido a questão no espaço correspondente, muitos deles "chutaram" uma resposta qualquer, que pode ter sido correta ou não. Nessa questão, por exemplo, ainda que fosse possível calcular mentalmente e assinalar uma alternativa, foram encontradas somente 134 respostas com desenvolvimento. Sobre estas, então, é que a equipe se debruçou para analisar as soluções.

Após a listagem de todas as respostas, estas foram analisadas e os erros categorizados, obtendo-se nove classes, descritas e exemplificadas a seguir:

Classe A: corresponde às resoluções corretas. Neste caso, foram encontradas várias maneiras de se chegar ao resultado certo. A maior parte dos 104 estudantes que acertaram o desenvolvimento apresentou a seguinte correspondência;

$$1035 - 115$$
$$x - 100$$
$$x = 900$$

Outros alunos expressaram uma proporção, escrevendo $\frac{1035}{115} = \frac{x}{100}$ e, em seguida, multiplicando extremos e meios, obtiveram $103.500 = 115x$ e, portanto, $x = 900$.

Alguns alunos mostraram ter resolvido por tentativas sobre as alternativas dadas, calculando 10% de cada valor, depois dividindo por 2 (ou seja, calculando os 5%) e somando as percentagens. No momento em que encontraram o valor 1.035, assinalaram a alternativa correspondente. Outro exemplo de solução certa foi apresentado por alguns alunos, que escreveram:

$$x + x. \, 0,15 = 1.035$$
$$1,15 \, x = 1.035$$
$$x = 900$$

Outro, ainda, escreveu: $V = L + C$; $L = V - C$; $\frac{15}{100} C = 1035 - C$; $C = 900$.

Vê-se, então, que esses estudantes souberam traduzir corretamente, em linguagem matemática, as informações que leram no enunciado da questão.

Classe B: corresponde às 16 respostas em que os alunos fizeram o cálculo de 15% de R$ 1.035,00. Neste caso, também há variações, pois alguns calcularam a percentagem corretamente e depois diminuíram dos R$ 1.035,00, obtendo R$ 879,75. Como não havia a alternativa, uns assinalaram a mais "próxima", R$ 835,00, inclusive escrevendo esta observação. Outros, provavelmente por não terem calculadora à mão, fizeram primeiramente 10% de R$ 1035,00, depois dividiram por 2 esse valor e somaram com os 10%, errando, então, na adição. Finalmente, sete entre os 16 estudantes expressaram a proporção $\frac{1035}{x} = \frac{100}{15}$.

Classe C: corresponde às duas soluções em que os alunos efetuaram a divisão de R$ 1.035,00 por 15. Ao obter exatos R$ 69,00, um deles diminuiu este valor de R$ 1.035,00, obtendo R$ 960,00 Provavelmente por não encontrar a alternativa, assinalou a resposta

"R$ 935,00". O outro estudante errou a conta armada, de divisão, encontrando 9 e concluindo, então, pela resposta "R$ 900,00".

Classe D: corresponde às duas soluções em que os alunos fizeram o cálculo: 1.035,00 - 0,15. Este erro é bastante comum em problemas de diferencial no cálculo I, em que os estudantes consideram que 15% de algum valor é, simplesmente, 0,15, não levando em conta o enunciado do problema.

Classe E: corresponde às 10 soluções para as quais não foi identificado um mesmo padrão de erro. Como exemplo, pode-se citar algumas correspondências feitas:

a) 1.035 - 175
   x - 115

b) 1.035 - 110%
   x - 100%

c) 1.035 - 15
   1.000 - x

Além dessas, para as quais ainda há uma tentativa de expressar um raciocínio que não foi compreendido, foram encontrados alguns desenvolvimentos em que era impossível entender qual o caminho seguido, pois havia fórmulas, cálculos e trechos riscados.

A segunda questão escolhida para análise é aquela em que os estudantes mais erraram ou não responderam (apenas 17% de acertos). Seu enunciado é:

O conjunto-solução, em $\Re$, da equação

$$\frac{1}{x+5} + \frac{1}{2x+9} = \frac{2}{2x^2+19x+45} \qquad é:$$

a) { -4, -5 }   b) { -5 }   c) { -4 }   d) { 4 }   e) { 5 }

Nessa questão, apenas 63 alunos assinalaram a alternativa correta, sendo que 134 do total de 368 calouros não assinalaram qualquer alternativa. Ao ler os testes do total da amostra, notou-se que apenas 78 alunos desenvolveram cálculos no espaço correspondente, e destes, apenas 13 acertaram. Assim, os 50 restantes, que assinalaram a alternativa correta ou fizeram apenas cálculos mentais (o que é difícil, em face do enunciado da questão) ou "chutaram" a resposta.

Da mesma forma que na primeira questão analisada, uma primeira leitura das soluções apresentadas apontou grande variedade de respostas, e foram, inicialmente, criadas 19 categorias. No entanto, em sucessivas leituras, foi possível refinar a classificação, obtendo-se, ao final, sete categorias, a seguir descritas e exemplificadas:

Classe A: corresponde às 13 soluções corretas. De uma maneira geral, os estudantes encontraram o denominador comum do lado esquerdo da igualdade e empregaram um procedimento padrão, somando as frações algébricas e, depois, ao identificar a igualdade de denominadores dos dois lados da igualdade, trabalharam somente com os numeradores e obtiveram facilmente a solução da equação.

Classe B: corresponde às 31 respostas em que os alunos tentaram encontrar as raízes de um polinômio de segundo grau usando a fórmula de Bhaskara. Alguns deles multiplicaram os denominadores das frações do lado esquerdo e logo em seguida tentaram resolver a equação $2x^2 + 19x + 45 = 0$, inserindo o "igual a zero" que não aparece no contexto. Outros, apenas reconheceram a expressão polinomial de segundo grau no denominador do lado direito e usaram o mesmo artifício. Outro, ainda, calculou corretamente as duas raízes, mas, ao encontrar, $x = -\dfrac{18}{4}$ escreveu "não existe", evidenciando a dificuldade em reconhecer os elementos dos conjuntos numéricos.

Classe C: corresponde às 16 respostas em que os alunos tentaram resolver a questão por tentativa, substituindo os valores dados como elementos dos conjuntos-soluções, mas erraram os cálculos com racionais.

Classe D: corresponde às 14 soluções em que os alunos mostraram não saber adicionar frações algébricas. Neste caso, do lado esquerdo da igualdade, surgiram frações obtidas por: adição de numeradores e denominadores; adição de numeradores e multiplicação de denominadores; multiplicação de numeradores e de denominadores e adição de numeradores, simplesmente igualando a resposta ao numerador do lado direito.

Classe E: corresponde às seis respostas em que os estudantes tentaram multiplicar extremos e meios da "proporção". Evidentemente, se tivessem efetuado corretamente a adição das frações do lado esquerdo, poderiam ter usado esse artifício, ainda que demorado.

No entanto, os alunos "criaram" regras para essa operação, tendo um deles, por exemplo, escrito: $2x + 10 + 4x + 18 - 4x^2 - 19x - 45 = 0$. Ou seja, multiplicou o número 2, numerador do segundo membro, por cada denominador do primeiro membro e, em seguida, somou os numeradores do lado esquerdo e multiplicou pelo denominador do direito, ainda "passando para o primeiro membro" e igualando a zero.

Classe F: corresponde às quatro soluções em que os alunos não souberam multiplicar polinômios, especialmente porque pareciam desconhecer a propriedade distributiva da multiplicação em relação à adição. É o que se pode ver no exemplo em que o estudante multiplicou todos os denominadores (tendo, ainda, se enganado ao copiar o número 19), obtendo:

$$(x + 5) (2x + 9) (2x^2 + 9x + 45) = 2x^2 + 2x^3 + 10x^2 + 45$$

Classe G: corresponde às 10 soluções para as quais não foi identificado um padrão; cada exemplo representa um caso à parte. Um dos alunos parece ter, também, pensado em multiplicar extremos e meios, porque começou escrevendo $2(-2x^2 + 19x + 45)$, talvez somando os numeradores das frações do lado esquerdo da igualdade e multiplicando pelo denominador do segundo membro, mas em seguida igualou essa expressão a zero e tentou usar a fórmula de Bhaskara. Quando não conseguiu uma resposta – porque não soube utilizar a referida fórmula – desenhou um boneco enforcado na ponta do símbolo da raiz quadrada.

Tentando analisar alguns dos erros detectados nessa questão, chama a atenção o fato de que a maior incidência está relacionada a uma "tendência" de aplicar a fórmula de Bhaskara sempre que surge uma expressão polinomial, independentemente da forma como foi obtida. Esse erro aparece frequentemente em avaliações de Cálculo, em questões que envolvem limites ou derivadas, contribuindo para as dificuldades nessa disciplina.

O erro do tipo C envolve uma estratégia bastante comum em provas de múltipla escolha, a saber, a testagem das alternativas. Não se pode considerar que essa solução seja errada e, além disso, os estudantes estão acostumados a usá-la em exames vestibulares para economizar tempo em cálculos. No entanto, ao tentar essas substituições pelos valores encontrados nos conjuntos-soluções das alternativas, alguns estudantes mostraram não saber adicionar frações numéricas, ocorrendo muitos dos procedimentos para adição de frações algébricas já indicados na classe D, ou seja, somar numeradores e denominadores, multiplicar numeradores e denominadores, etc.

A dificuldade com as operações no conjunto dos racionais é um problema que se reproduz em outros conteúdos, pois, se o estudante não sabe somar frações numéricas, também não vai saber somar frações algébricas, e as dúvidas e erros vão ser frequentes.

Hoch e Dreyfus (2004), em uma pesquisa com alunos do Ensino Médio, buscam entender o efeito do uso de parênteses no emprego do que chamam de "sentido da estrutura".[12] Primeiramente, os autores explicam que uma estrutura algébrica pode ser definida em termos de forma ou ordem, acrescentando que qualquer expressão ou sentença algébrica representa uma estrutura algébrica. Em seguida, definem "sentido de estrutura"

> [...] como uma coleção de habilidades. Essas habilidades incluem: ver uma expressão ou sentença algébrica como uma entidade; reconhecer uma expressão ou sentença algébrica como uma estrutura previamente encontrada; dividir uma entidade em subestruturas, reconhecer conexões mútuas entre estruturas, reconhecer quais manipulações são possíveis de realizar e quais manipulações são úteis para realizar (p. 51).

Nas respostas da classe B, por exemplo, os alunos parecem reconhecer uma estrutura no denominador da fração do segundo membro ou na (incorreta) operação com os denominadores das frações do primeiro membro, a saber: uma expressão quadrática, que é automaticamente associada à fórmula de Bhaskara. No entanto, é o caso de questionar: há falta do sentido de estrutura? Os alunos reconheceram a expressão quadrática, previamente estudada, e até lembraram-se da fórmula de Bhaskara para determinar as raízes do polinômio. Qual o problema, então? Parece ter faltado, antes de tudo, o reconhecimento de que havia uma *equação*, ou seja, de que era necessário, antes de tudo, operar com frações algébricas. E, nesse

---

[12] *Structure sense*, no original.

ponto, parece ter falhado o reconhecimento da estrutura da adição, em que as parcelas são frações algébricas e a operacionalização dessa operação é feita por meio da determinação do denominador comum.

O que fazer para ensinar os alunos a "ver" uma estrutura algébrica e reconhecê-la? Pode-se ensinar "sentido de estrutura"? Essas são perguntas pertinentes quando se busca, como na pesquisa aqui citada, desenvolver atividades para explorar as dificuldades detectadas. Hoch e Dreyfus (2004) aplicaram a professores de Ensino Médio as mesmas questões propostas aos estudantes, constatando que apenas 50% tinham o "sentido da estrutura", resolvendo rapidamente a questão. Provavelmente aqueles que não têm esse conjunto de habilidades não sabem propor atividades em sala de aula para que seus alunos venham desenvolver esse "sentido", fazendo-os apenas realizar operações de uma mesma forma, padronizada, tediosa, sem ver o todo, sem entender o que estão fazendo.

Outro exemplo de dificuldades em Cálculo: derivadas e integrais

Com os exemplos acima, exaustivamente apresentados, em que as questões estão relacionadas a conteúdos do Ensino Fundamental e Médio, quis enfatizar a preocupação com esses níveis de ensino, o que leva, por extensão, a considerar os cursos de formação de professores de Matemática. Os calouros, participantes da pesquisa em questão, estudavam disciplinas matemáticas iniciais de cursos da área de Ciências Exatas, e nessas disciplinas, especialmente no Cálculo, acredito ser a compreensão dos conceitos o objetivo mais importante. No entanto, sem a técnica, o aluno não tem ferramentas para trabalhar com os conceitos, e o desenvolvimento de habilidades de lidar com regras (para cálculo de limites, derivadas ou integrais, por exemplo) parece estar sendo prejudicada pela falta de habilidades no trabalho com propriedades operatórias básicas.

Para complementar os exemplos de análise de erros em turmas de calouros de cursos da área de Ciências Exatas, apresento, a seguir, resultados parciais de outra pesquisa, envolvendo produções de alunos de um curso de Engenharia, na disciplina de Cálculo A.

Foram investigados os erros cometidos em provas de verificação de aprendizagem e, em uma delas, havia uma questão com o seguinte enunciado:

Apresentando o desenvolvimento, calcule a derivada da função dada por $f(x) = 3x^2 + \sqrt[3]{x^4}$

Todos os alunos derivaram corretamente a expressão $3x^2$ e aplicaram a regra da derivada da soma, obtendo as parcelas para a função derivada. No entanto, dos 23 alunos que responderam, 13 cometeram algum erro ao derivar a segunda função-parcela. Seus erros foram classificados em dois tipos: aqueles originados pela incorreta derivação de $\sqrt[3]{x^4}$ e os causados por uso equivocado de propriedades das operações empregadas. No primeiro caso, por exemplo, um aluno viu a função raiz cúbica como uma composta, escreveu $x^{4/3} = (x^4)^{1/3}$, tentou usar a regra da cadeia, mas não o fez corretamente. Outro aluno derivou apenas o radicando e se esqueceu de derivar a função raiz.

No segundo tipo de erro, alguns estudantes encontraram uma resposta, às vezes correta, mas tentaram "simplificá-la" e acabaram fazendo manipulações algébricas de forma errada, como substituir x por um número ou escrever $\sqrt[3]{x^4}$ como $x^{3/4}$.

Como exemplo de dificuldades, apresento a solução dada por um aluno:

$$y = 3x^2 + \sqrt[3]{x^4}$$

$$y \stackrel{\cdot}{=} 6x + \frac{1}{3}(x^4)^{1/3}$$

$$y \stackrel{\cdot}{=} 6x + \frac{1}{3}(x^4)^{1/3} \cdot (4x^3)$$

$$y \stackrel{\cdot}{=} \frac{6x}{\sqrt[3]{x^4}}$$

Vê-se que a regra da derivada da função potência foi erroneamente empregada, e, além disso, ao final, o estudante "jogou" o radical para o denominador. Pode-se tecer a hipótese de que, em aprendizagens anteriores, esse aluno tenha recebido a "ordem" de apresentar as potências com expoentes fracionários como raízes e, de preferência, no denominador. A hipótese é baseada em informações dos estudantes que fizeram tais "passagens", mas seria necessário ter aprofundado o estudo para entender melhor o problema. No entanto, julgo ser este um ponto importante para discussões sobre ensino dos reais, tanto na Educação Básica como nos cursos de Licenciatura, pois concordo com Moreira e David (2005) quando dizem que "o licenciado volta à escola na condição de professor, de posse de um conhecimento sobre os números racionais e reais profundamente distanciado das formas [...] em que poderia ser utilizado na sua prática pedagógica escolar" (p. 99).

Como exemplo de dificuldades relativas ao conteúdo da terceira prova aplicada a esses alunos de Cálculo A, destaco a questão cujo enunciado é:

Calcule $\int x \cdot e^{3x} \cdot dx$

Os erros encontrados foram dos seguintes tipos:

1) desconhecimento de método de integração que poderia ser empregado, no caso, a integração por partes. Alguns alunos procuraram usar substituição de variáveis, mas não conseguiram obter resultado;

2) dificuldades na escolha de u e dv para poder aplicar a regra $\int u dv = uv - \int v du$;

3) erro por falsa generalização; alguns estudantes, sabendo que $\int e^x dx = e^x + C$, consideraram que $\int e^{3x} dx = e^{3x} + C$.

As perguntas em sala de aula, o acompanhamento com as duplas feito durante a realização de trabalhos e o atendimento individualizado nas sessões de estudo, corroboraram as informações já obtidas referentes às dificuldades dos alunos em conteúdos de Ensino Fundamental e Médio. Pelos resultados aqui apresentados, referentes a essas pesquisas que envolveram calouros, parece ser

> [...] primordial repensar o ensino de Cálculo para alunos ingressantes em cursos superiores, empregando metodologias e recursos variados e, especialmente, destinando períodos para atendimento individual, seja com monitores, seja com bolsistas de Iniciação Científica, ou até mesmo com alunos de mestrado,

que podem realizar seus estágios curriculares com atividades voltadas para os alunos das disciplinas matemáticas iniciais dos cursos de graduação. (CURY; CASSOL, 2004, p. 33-34)

Analisando as dificuldades de um aluno ao calcular uma integral indefinida, Baldino e Cabral (1999) mostram como é necessário construir estratégias para lidar com tais dificuldades. Efetivamente,

> [...] incidir sobre os obstáculos para obter uma modificação das concepções dos alunos, em situação de aprendizagem é tarefa que, desde já, se apresenta como escapando ao domínio meramente cognitivo e abrangendo, também, o domínio pedagógico, ou seja, a organização e os valores da sala de aula. (p. 10)

Para cada erro detectado e classificado nessas pesquisas com alunos de Cálculo, poderia ser modificada a metodologia de trabalho, buscando maneiras de desafiar os estudantes. Assim, este capítulo apresentou uma listagem de problemas de alunos, mas pode também ser considerado uma fonte de ideias para criar atividades, elaborar novas estratégias, usar metodologias e recursos diversos, enfim, desenvolver uma prática que venha ao encontro das necessidades dos estudantes, em qualquer nível de ensino. Algumas sugestões são apontadas no Capítulo V, levando em conta erros aqui destacados.

Capítulo IV

Análise de conteúdo das respostas: uma visão da metodologia empregada

No capítulo anterior, foram apresentados exemplos de classificações e análise de erros em respostas a um teste com calouros da área de Ciências Exatas. Ao analisar erros dos alunos, especialmente em conteúdos de Cálculo I, tendo contato com diferentes trabalhos que abordaram produções escritas dos alunos, como os citados no Capítulo II, notei que, independentemente das teorias que fundamentavam as pesquisas e da forma como as respostas eram apresentadas, eu estava analisando o *conteúdo* da produção, ou seja, empregando uma metodologia de análise de dados conhecida como *análise de conteúdo*.

Antes de caracterizar essa metodologia, é interessante citar uma frase de Laurence Bardin, autora muitas vezes apontada por pesquisadores que trabalham com análise de conteúdo:

> A técnica de análise de conteúdo adequada ao domínio e ao objecto pretendidos, tem que ser reinventada a cada momento, excepto para usos simples e generalizados, como é o caso [...] de respostas a perguntas abertas de questionários cujo conteúdo é avaliado rapidamente por temas (BARDIN, 1979, p. 31).

As respostas dos alunos a questões abertas nem sempre vão pelo mesmo caminho, ou seja, nem sempre têm um mesmo tema; assim, é necessário, praticamente em cada estudo, reinventar os passos.

De maneira geral, ainda que a análise da expressão humana possa ser rastreada até as primeiras tentativas de entender mensagens – como as pinturas deixadas em cavernas, os sinais de fumaça e os sonhos de Nabucodonosor, interpretados por Daniel no Antigo Testamento –, a história da análise de conteúdo, como método de investigação sistematizado, com regras e princípios, teve origem na análise de artigos de jornais, principalmente com base nos estudos realizados na Escola de Jornalismo de Colúmbia, EUA, e foi intensificada pela necessidade de analisar a propaganda durante as duas Grandes Guerras Mundiais do século passado (BARDIN, 1979).

Hoje, esse método vem sendo empregado por pesquisadores das áreas de Educação, Sociologia, Psicologia, Linguística e Comunicação, em todas as circunstâncias investigativas em que os participantes expressam suas opiniões, percepções, crenças, sentimentos e ideias. O ato de se expressar, seja por meio de uma frase, de um quadro, de uma música ou de um texto escrito, pode ser analisado de várias formas, e a análise de conteúdo é uma delas, fazendo parte de um amplo leque de métodos de análise textual (CURY, 2003).

As etapas da análise

Para caracterizar conceitos, princípios e técnicas da análise de conteúdo, de forma a caracterizar como tal a análise qualitativa dos erros, busco alguns autores que apresentam essa metodologia, iniciando com a definição de Bardin (1979):

> Designa-se sob o termo de análise de conteúdo: Um conjunto de técnicas de análise das comunicações visando obter, por procedimentos, sistemáticos e objectivos de descrição do conteúdo das mensagens, indicadores (quantitativos ou não) que permitam a inferência de conhecimentos relativos às condições de produção/recepção (variáveis inferidas) destas mensagens (p. 42).

Um texto matemático produzido por um aluno – uma demonstração de teorema, uma solução de um problema ou uma dissertação sobre determinado tópico – pode ser analisado, com base em procedimentos sistemáticos, para inferir conhecimentos sobre as formas com que aquele estudante construiu um determinado saber matemático. Pode-se pensar que qualquer correção de prova é uma análise, com categorias previamente determinadas (os gabaritos feitos pelo professor) ou emergentes, baseadas nas soluções. No entanto, a simples correção da prova não configura pesquisa, já que, em geral, ela se insere em uma avaliação diagnóstica ou somativa. O trabalho investigativo sobre as respostas pode levar em conta, em um primeiro momento, a tarefa inicial de correção, mas é necessário ter um objetivo nessa pesquisa, levantando questões (ou hipóteses) que possam ser investigadas.

Na análise das respostas dos alunos, o importante não é o acerto ou o erro em si – que são pontuados em uma prova de avaliação da aprendizagem –, mas as formas de se apropriar de um determinado conhecimento, que emergem na produção escrita e que podem evidenciar dificuldades de aprendizagem.

Navarro e Díaz (1994) consideram que a análise de conteúdo feita sobre um texto tem a "missão de estabelecer as conexões existentes entre o nível sintático – em sentido lato – deste texto e suas referências semânticas e pragmáticas" (p. 180). Na análise das respostas dos alunos, ao considerar apenas a classificação e a contagem do número de respostas de cada tipo, a investigação fica muito pobre, não trazendo benefícios a alunos e professores. No entanto, ao procurar entender as formas como o aluno produziu a resposta, certa ou errada, o trabalho pode contribuir para a construção de novos patamares de conhecimento.

Bardin (1979) assinala três etapas básicas para a análise de conteúdo, que podem ser subdivididas de acordo com as necessidades: pré-análise, exploração do material e tratamento dos resultados. Na primeira fase, o material é organizado, partindo-se da escolha dos documentos, da formulação de hipóteses e dos objetivos da análise, utilizando-se a leitura "flutuante", em que o pesquisador se deixa impregnar pelo material. Escolhidos os documentos, delimita-se, então, o *corpus*, entendido como o conjunto de produções textuais sobre o qual o pesquisador se vai debruçar. Moraes (2003) alerta que "os textos não carregam um significado a ser apenas identificado: são significantes, exigindo que o leitor ou pesquisador construa significados com base em suas teorias e pontos de vista" (p. 194).

Em uma pesquisa sobre respostas dos alunos a questões de Matemática, seja em uma investigação formal (projeto, dissertação, tese) ou em um trabalho realizado em sala de aula, como metodologia de ensino, são escolhidas as questões, formuladas as hipóteses e estabelecidos os objetivos. Faz-se uma primeira leitura para decidir que tipo de provas será considerado; por exemplo, aquelas em que o estudante deixou em branco a resolução ou apenas indicou a resposta final, sem o desenvolvimento, são descartadas. A seguir, cada tipo de solução é assinalado com uma sigla para separá-la do restante dos dados. A preparação das informações envolve esse estabelecimento de códigos, que possibilitam "identificar rapidamente cada elemento da amostra de depoimentos ou documentos a serem analisados" (Moraes, 1999, p. 15).

A fase de exploração do material, que Triviños (1987) chama de *descrição analítica*, envolve um estudo aprofundado do *corpus*, com procedimentos de unitarização e categorização. A unitarização é o processo que consiste em reler o material para definir as unidades de análise, que podem ser "palavras, frases, termos ou mesmo documentos em sua forma integral" (Moraes, 1999, p. 16). Na releitura, cada unidade é individualizada e separada do *corpus* para, em seguida, se poder fazer a categorização, que "tem por primeiro objectivo [...] fornecer, por condensação, uma representação simplificada dos dados brutos" (Bardin, 1979, p. 119). Esse agrupamento é feito segundo critérios prévios, já decididos anteriormente ou estabelecidos *ad hoc*.

Na investigação das respostas dos alunos, a releitura do material, já codificado, permite, então, destacar as unidades, e esse procedimento às vezes envolve separar, efetivamente, cortando, fotocopiando ou "escaneando" as respostas que receberam um mesmo código. Dessa forma, pode-se construir relações entre as unidades, compreendendo o que têm em comum e como podem ser reagrupadas, formando, então, as categorias.

Em cada etapa, a intuição do pesquisador, orientada pelos objetivos da pesquisa, já produz uma forma de interpretação, já que suas decisões não são neutras, trazem todas as suas concepções sobre o tema, objeto de análise. Patton (1986) sugere que, se houver mais de um investigador trabalhando sobre um conjunto de dados, é interessante que cada um produza sua classificação e que essas sejam, depois, comparadas, para refinar as classes.

Já na fase de tratamento dos resultados, a próxima etapa é a descrição das categorias, que pode ser feita por meio da apresentação de tabelas ou quadros, com indicação das distribuições de frequência das classes ou com aplicação de testes estatísticos sobre os dados, com o auxílio do *software SPSS*, por exemplo. Além disso, é conveniente produzir um "texto-síntese", que permita ao leitor a compreensão do significado da classe, em geral com o apoio de exemplos retirados do próprio *corpus*. Como escreve Triviños (1987), "não é possível que o pesquisador detenha sua atenção exclusivamente no *conteúdo manifesto* dos documentos. Ele deve aprofundar sua análise tratando de desvendar o *conteúdo latente* que eles possuem" (p. 162). Assim, é necessário ir além, atingindo a última etapa da análise, que é a interpretação, visando a atingir "compreensão mais aprofundada do conteúdo das mensagens mediante inferência e interpretação" (MORAES, 1999, p. 24). Com base nessa compreensão, é possível utilizar os resultados, respondendo às questões de pesquisa ou elaborando estratégias de ensino para auxiliar os alunos a superarem dificuldades detectadas.

Um exemplo de análise de conteúdo de respostas

Para exemplificar as etapas aqui descritas e, com isso, apresentar um procedimento possível – mas não o único, evidentemente – de utilização da análise de conteúdo da produção escrita como metodologia de pesquisa ou de ensino, apresento um levantamento de erros cometidos por alunos de um curso de Engenharia Química, na disciplina de Cálculo A. A prova foi realizada por 17 alunos, e uma das questões solicitava o esboço do gráfico da função de $\Re$ em $\Re$ definida por:

$$f(x) = \begin{cases} \dfrac{1}{x}, & \textit{para } x < 0 \\ x^2, & \textit{para } 0 \leq x < 1 \\ e^x, & \textit{para } x \geq 1 \end{cases}$$

Durante o primeiro mês, nessa disciplina, é feita uma revisão do conteúdo "Funções de uma variável", supostamente já trabalhado no Ensino Médio, enfatizando o esboço de gráficos das funções mais utilizadas no Cálculo, tanto na determinação de limites e derivadas como na aplicação desses modelos em situações da realidade. Assim, pretendia-se verificar se o aluno era capaz de associar uma determinada lei com o gráfico da função correspondente, além de reconhecer o domínio de cada uma das funções definitórias.

Todos os estudantes responderam à questão, portanto não foi necessário descartar prova alguma. Antes de devolvê-las corrigidas aos alunos, separei as resoluções dessa questão, fotocopiando a folha de prova onde estava esboçado o gráfico, recortando a solução e colando em folhas em branco, "montando" páginas com dois ou mais esboços em cada uma. Posteriormente, fotocopiei essas páginas, obtendo um conjunto de soluções que formou o *corpus* sobre o qual foi feita a análise.

Sendo uma só questão e tendo já sido destacada segundo o procedimento acima descrito, foram definidos, como unidades, os tipos de soluções para cada uma das leis definitórias da função. Em seguida, relendo o material, notei que também havia erros na compreensão da função em si. Assim, foram estabelecidas cinco categorias de erros, a saber:

A) esboço incorreto do gráfico de $f(x) = \frac{1}{x}$;

B) esboço incorreto do gráfico de $f(x) = x^2$;

C) esboço incorreto do gráfico de $f(x) = e^x$;

D) não atendimento da condição da unicidade da imagem, quando o aluno atribui, a um mesmo valor da variável independente, mais de um valor para a variável dependente;

E) não diferenciação entre intervalo aberto e fechado, quando o aluno indica com uma bola aberta[13] um ponto que pertence ao gráfico ou com uma bola fechada um ponto que não pertence.

Para descrever as categorias, primeiramente foi feita uma contagem do número de ocorrências de cada tipo, apresentada no Quadro 4, a seguir:

---

[13] Uso a nomenclatura "bola aberta" e "bola fechada" para significar, respectivamente, a representação de um ponto que não pertence ao gráfico da função e a de um ponto que pertence.

Quadro 4 – Distribuição dos tipos de erros

Categoria	N. de ocorrências
A	3
B	9
C	10
D	3
E	8

Em seguida, cada classe de erro é descrita e ilustrada com exemplos. Nesse ponto, foi fundamental o auxílio da bolsista[14] – e, quando uma pesquisa sobre erros é feita em um grupo, cada pesquisador pode descobrir a melhor forma de dar sua contribuição –, pois, para cada tipo de resposta errada, ela criou uma lei para poder representá-la com o *software Maple V*, de modo que o relatório de sua pesquisa pudesse ser ilustrado com as diferentes soluções dos estudantes. Dessa forma, ao mesmo tempo em que auxiliava no trabalho de pesquisa, a bolsista desenvolveu seus conhecimentos sobre o *software* em questão.

A seguir, as categorias de erros são descritas em detalhes. O erro do tipo A se relaciona ao esboço incorreto do gráfico da função $f(x) = \frac{1}{x}$. Nesse caso, um dos alunos que errou tomou valores de x menores que zero, mas esboçou a parte positiva do conjunto-imagem de uma função que parece ser $f(x) = \frac{1}{x+10}$; como não há justificativa para o desenho, não se pode saber a razão pela qual ele fez essa translação do gráfico correto.

O segundo estudante que errou tomou, também, valores de x menores que zero, mas esboçou a imagem da função $f(x) = \frac{1}{x^2}$. Esse erro é bastante frequente, pois os alunos parecem confundir visualmente os gráficos da função potência negativa par e da função potência negativa ímpar. Os estudantes que cometem esse erro parecem não ter o hábito de validar suas respostas, pela simples substituição de valores.

---

[14] Nesta pesquisa, tive o auxílio da aluna da Licenciatura em Matemática da PUCRS Thaísa J. Muller, bolsista da FAPERGS.

O terceiro aluno que errou o esboço dessa parte do gráfico não conseguiu, também, representar as outras leis da função. Sua resposta é apresentada na Figura 1, a seguir, como ilustração de um gráfico que não atendeu a qualquer uma das leis definitórias da função dada:

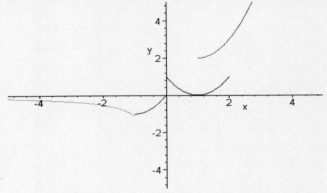

Figura 1 – Gráfico com todos os tipos de erro detectados na pesquisa

O esboço do gráfico de $f(x) = x^2$, apesar de ser de uma das funções mais estudadas no Ensino Médio, parece ter causado maiores problemas, pois nove alunos erraram. Acredito que isso se deva ao fato de que deveriam esboçar seu gráfico apenas para valores de x maiores ou iguais a zero e menores do que 1. Um dos alunos que errou, desenhou o gráfico da função $f(x) = (x - 0,5)^2$ e para todos os valores de x. Não é possível distinguir se essa translação à direita foi por falta de cuidado com o desenho ou se, por notar que os valores de x tinham de ser menores do que 1, ele tomou um valor próximo a 0,5. Nota-se que os estudantes têm muita dificuldade em entender a correspondência biunívoca entre os números reais e os pontos da reta orientada, pois, muitas vezes, quando uma função é definida para valores de x menores que um determinado b, representam o gráfico somente para $x < (b - 1)$.

Moreira e David (2005) discutem as dificuldades dos alunos, mesmo os de cursos de Licenciatura em Matemática, em entender os números reais e consideram que: "Uma argumentação geométrica, fundada numa percepção da reta como 'contínua', sem 'falhas', pode ser desenvolvida para se argumentar convincentemente, mas a noção de limite permanece subliminar" (p. 96-97). Ora, se notamos em estudantes de Cálculo essa dificuldade em aceitar que um x real menor do que 1 possa estar tão próximo de x = 1 quanto se queira, também a noção de limite vai ser afetada, já que, pelo menos graficamente, o aluno não "vê" a curva se aproximando de um determinado ponto.

Dois dos alunos que erraram o gráfico da f(x) = x^2, ainda que tenham tomado os valores de x no intervalo definitório, inverteram a curvatura, esboçando um gráfico semelhante ao de f(x) = - (x - 1)^2 + 1; outros dois estudantes esboçaram uma quadrática, mas, talvez pela dificuldade em entender o intervalo de definição, desenharam um gráfico que parece ser da função f(x) = (x - 1)^2 + 0,5. Considero, novamente, que houve um entendimento de que valores de x menores do que 1 tinham que ficar próximos a 0,5. No entanto, neste caso, surge um erro também frequente, que consiste em trocar domínio por imagem: o aluno vê o intervalo definitório, $0 \leq x < 1$, mas entende que a representação deva ser no eixo dos y. Por isso, talvez, tenham feito essas translações verticais. Esse problema fica mais evidente no estudo intuitivo de limites, pois o aluno, mesmo lendo corretamente a simbologia $\lim_{x \to 1} f(x)$, procura o valor 1 no eixo dos y.

Outros dois estudantes que erraram a representação da função f(x) = x^2 esboçaram-na como se fosse continuar indefinidamente, com uma assíntota em x = 1; o esboço lembra a função $f(x) = \frac{1}{(x-1)^2} - 1$, para valores de x entre 0 e 1.

Exemplifico, na Figura 2, a seguir, o aspecto do gráfico esboçado por um deles (com erro, também, no gráfico de f(x) = e^x):

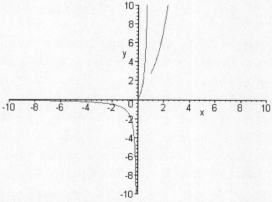

Figura 2 – Representação gráfica com erros em $0 \leq x < 1$

Finalmente, um aluno não representou a f(x) = x², e a outra resposta já foi mostrada na Figura 1.

Dos 10 alunos que erraram o gráfico de f(x) = e^x, cinco deles parecem ter apenas uma ideia da curvatura, mas não souberam esboçar a exponencial, parecendo-la como uma quadrática.

Dois dos alunos parecem ter confundido a função exponencial com a logarítmica, pois seus esboços são de f(x) = ln (x - 1) ou de f(x) = - ln x + 1. Este último é apresentado na Figura 3, em que se nota, ainda, que cada valor de x , 0<x<1, tem dois valores de y correspondentes.

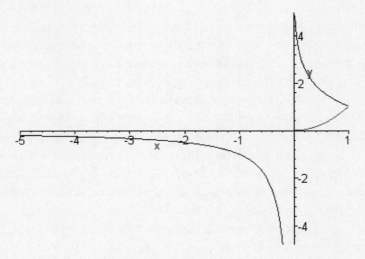

Figura 3 – Erro na representação da função exponencial

Finalmente, além do aluno já citado, que errou todas as leis, ainda houve um estudante que representou a exponencial como uma translação de uma função potência negativa (no caso, f(x) = $\frac{1}{x-1}$ + 0,5) e outro que a representou como a função f(x)= $\sqrt{x}$; este último, por não ter traçado o gráfico de f(x) = x², esboçou a função raiz para valores de x maiores ou iguais a zero.

Somente três estudantes mostraram não ter claro o conceito de função, pois, para cada x, associaram pelo menos dois valores de y. As respostas de dois deles já foram mostradas, e a do terceiro é reproduzida na Figura 4, a seguir:

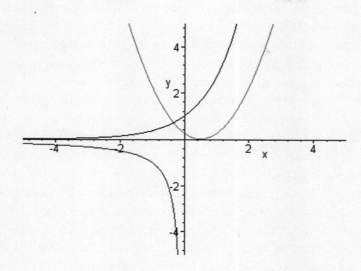

Figura 4 – Exemplo de gráfico com erros
relacionados ao conceito de função

Nesse gráfico, parece que o estudante não se dá conta de que uma função definida por mais de uma lei tem intervalos definitórios específicos para cada lei. Na aplicação de representações de uma função por mais de uma lei, como em problemas que envolvem mudança de temperatura – como em um exemplo bastante empregado em livros-texto de Cálculo, que apresenta um gráfico de evolução da temperatura de um bloco de gelo colocado sobre a chapa de um fogão e solicita a lei que determina a temperatura em função do tempo –, os alunos costumam ter dificuldades em representar cada "trecho" separadamente.

Finalmente, a última categoria de erro, com oito ocorrências, envolveu a dificuldade em identificar intervalo aberto e fechado e, consequentemente, representar por bola aberta ou fechada os pontos origem e extremidade do conjunto-imagem de cada lei, especialmente nas funções $f(x) = x^2$ e $f(x) = e^x$. Além da troca de representação, alguns alunos não usaram qualquer símbolo para distinguir os dois casos. Esse problema pode estar relacionado às dificuldades de representação gráfica de intervalos, que, posteriormente, se acumulam com os problemas de representação de relações ou funções.

Model (2005), ao analisar o uso de simbologia matemática por alunos de primeiro ano de Ensino Médio, notou que os alunos confundiam os símbolos para indicar "menor que" e "maior que", usando expressões que, muitas vezes, são empregadas pelos professores como "macetes" para distinguirem "<" e ">". Por exemplo, a autora relata que um aluno, ao ser solicitado a representar graficamente o conjunto $\{x \in \Re \mid 2<x<7\}$, perguntou: "A boca maior é o lado maior, não?" (MODEL, 2005, p. 91). Se não há uma explicação prévia sobre relação de ordem, se os professores não desenvolvem atividades que levem os alunos a compreender as noções de "maior" ou "menor" antes de associá-las às notações correspondentes, o uso do "macete" pode gerar um problema adicional. Quando a notação é apresentada em um problema que envolve outras dificuldades – como é o caso dessa questão analisada – talvez aqueles alunos que não associaram ainda cada símbolo ao seu significado tenham sentido falta do apoio representado pelo "macete" para fazer a distinção.

Dessa forma, em uma questão que envolvia mais de uma lei para a definição da função e, além disso, indicações de intervalos para cada lei, parece-me compreensível que os estudantes tenham apresentado essas dificuldades, especialmente se, no Ensino Médio, não tiveram oportunidade de desenvolver a competência de ler e interpretar informações apresentadas em diferentes linguagens e representações, conforme é indicado nas Orientações Complementares aos Parâmetros Curriculares Nacionais do Ensino Médio (BRASIL, 2002). No Ensino Superior, atualmente, sabe-se que se vai trabalhar com muitos estudantes que apresentam dificuldades em Matemática por variadas razões que, no momento, não cabe discutir. Mas é para esses alunos que se vão elaborar atividades de ensino, e é sua aprendizagem nas disciplinas matemáticas dos cursos superiores que será avaliada. Portanto, analisar as respostas produzidas pelos alunos, em qualquer conteúdo, é uma das formas de auxiliá-los a construir o conhecimento básico necessário para transitar pelos conteúdos específicos de suas áreas de formação.

Uma interpretação para os resultados

Para tentar interpretar os resultados da pesquisa, obtidos por meio dessa análise detalhada dos erros, primeiramente cabe perguntar: o que os alunos queriam dizer? Ou seja, o que suas produções escritas podem revelar, não apenas sobre o que eles não sabem, mas também sobre o que sabem?

Para refletir sobre isso, é importante voltar aos objetivos da proposta da questão aos alunos na primeira prova da disciplina de Cálculo A. Em minha opinião – e aqui, novamente, enfatizo a não neutralidade de qualquer pesquisa, já que as concepções que a fundamentam e os seus objetivos já apontam para o que o investigador quer entender –, conhecer o conteúdo "funções" não é saber recitar a definição tantas vezes repetida em livros de Matemática: uma relação f de um conjunto A em um conjunto B é uma função se, e somente se, para cada x pertencente ao conjunto A existe um único y pertencente ao conjunto B, tal que $(x, y) \in f$. É certo que, se isso não for atendido, ocorrem problemas quando se usa uma função para modelar uma situação real. No exemplo, anteriormente citado, se em cada instante fossem encontrados dois valores para a temperatura do bloco de gelo, alguma coisa errada estaria acontecendo na natureza, no experimento ou nas medições!

Conhecer uma função é ter a ideia de como as variáveis se comportam quando são "governadas" por uma determinada lei. No Ensino Médio, muitas vezes é feita uma analogia com uma máquina, em que, por exemplo, entra x e sai x^2; ou seja, a função dada por $f(x) = x^2$ é uma "máquina" que transforma x em x^2. Será que a analogia é boa? Acredito que depende do aluno e do contexto; cada estudante tem seu próprio estilo de aprendizagem, e a representação de uma máquina pode ajudar um estudante com estilo visual, mas confundir outro que tem estilo verbal (FELDER; SOLOMAN, 2006).[15]

---

[15] Segundo a classificação de Felder e Soloman para estilos de aprendizagem, o aprendiz visual tem preferência por representações visuais, como esquemas ou diagramas, enquanto que o verbal valoriza mais as explanações orais ou escritas.

Berlinski (1995), em uma linguagem poética, expressa o que faz de uma função uma entidade especial para o Cálculo. Segundo ele, quando uma função está levando um número real em outro número real, ela é toda energia nervosa. Se essa energia é transferida para um sistema de coordenadas cartesianas, o efeito é encantador, como quando nós, após recebermos uma série de indicações sobre a localização de um lugar ("siga o rio", "dobre à direita", etc.), de repente nos deparamos com uma paisagem esplêndida e surpreendente.

Assim pode ser compreendido o conhecimento do gráfico de uma função: como uma imagem que pode revelar o que acontece com uma situação por ela modelada, onde há picos, onde há interrupções, onde cresce, onde decresce. Por isso, julgo que o aluno de Cálculo deveria perder as "muletas" representadas pelas tabelas, em que indica valores de x (em geral inteiros e positivos) e y, para depois esboçar, toscamente, um gráfico que não mostra todo o potencial da função, porque foi truncado pelas escolhas dos valores de x. Se o estudante tem a noção do comportamento do gráfico de uma função, ele pode antever o que acontece em determinados pontos, saber onde ela é contínua, onde é derivável, etc.

Voltando aos resultados da pesquisa, o que mais vemos? Parece que a maior parte dos 17 alunos tem a noção do formato do gráfico de $f(x) = \frac{1}{x}$; quanto à função $f(x) = x^2$, talvez o problema maior seja relacionado ao intervalo de definição. Sobre a função $f(x) = e^x$, não ficou clara a noção, parece mais que os estudantes a visualizam como uma quadrática, pelo menos para valores de x maiores do que zero. As dificuldades com intervalo aberto e fechado não são cruciais para a visualização da imagem e, assim, não vale a pena insistir sobre isso. O que, então, é necessário retomar, em termos de estratégias de ensino, para que seja possível auxiliar o aluno a ter essa noção global do gráfico, dada a lei de uma função básica do Cálculo?

Na turma em questão, tendo o auxílio da bolsista de Iniciação Científica, foi possível, após correção e devolução das provas, estabelecer horários para sessões de estudo, abertas para todos os alunos interessados em discutir suas dúvidas. A princípio timidamente, depois com mais entusiasmo, os alunos foram formando grupos e trabalhando nas atividades propostas. Em primeiro lugar, cada aluno deveria responder às seguintes questões:

a) O que você acredita que entendeu sobre funções e gráficos? Dê um exemplo de algum tópico que ficou bem claro, explicando detalhadamente como resolve um determinado exercício sobre o assunto;
b) O que você não entendeu sobre funções e gráficos? Detalhe suas dúvidas, dando exemplos de exercícios que você não conseguiu resolver porque não compreendeu o conteúdo, mostrando o ponto a partir do qual você não soube mais ir adiante;
c) Analise a resolução das questões de sua prova e a correção feita, tente refazer os exercícios e explique as razões pelas quais você cometeu algum dos erros apontados.

Com o relato de cada aluno, foi possível acompanhar passo a passo as suas dificuldades, atendendo em grupo aqueles que tinham dúvidas semelhantes e individualmente os que tinham questões específicas.

Para revisar dificuldades de localização de pontos em gráficos cartesianos, foi utilizado o recurso do jogo "batalha naval"; alguns estudantes lembraram, então, que já tinham jogado "batalha naval" em aulas de Matemática, mas não sabiam o motivo, achavam que o(a) professor(a) tinha apenas dado um joguinho para "acalmá-los". Parece, então, que a proposta não tinha sido compreendida pelos estudantes e que não houve uma posterior (ou anterior) contextualização da atividade, haja vista sua dificuldade em localizar os pontos no sistema de eixos.

Em outros momentos das sessões de estudo, os alunos foram levados ao laboratório de Informática e foram preparadas atividades em que eles esboçavam gráficos, com o *software Maple V*, especialmente utilizando o comando *"piecewise"*,[16] que permite definir funções dadas por mais de uma lei. Dessa forma, solicitando aos

---

[16] Para esboçar, com o Maple V, a função definida na questão de prova analisada neste capítulo, foram estabelecidos os seguintes comandos: f:=piecewise(x<0,1/x,x>=0 and x<1,x^2,x>=1,exp(x)); plot(f,x=-10..10,y=-10..10);

alunos que definissem os intervalos e repetissem o exercício com as mesmas leis e intervalos diferentes, foi possível explorar as dificuldades apontadas. Quando os alunos detectavam incoerências entre o esboço que viam na tela e o que esperavam ver, podia-se questioná-los sobre as limitações do *software* e sugerir o uso do comando *"discont = true"*, que corrige o desenho.

Borba e Penteado (2001) apresentam uma discussão sobre o "erro" da máquina, quando relatam uma experiência de uma professora que, com um grupo de estudantes, estava explorando funções trigonométricas em um *software* gráfico. Quando o gráfico de uma tangente se apresenta na tela de uma forma não esperada pela professora, mas aceita pelos estudantes, que não conheciam outro, a mestra fica preocupada, pois "a imagem fornecida pelo computador tem um poder muito grande de convencimento. Para refutá-la é preciso uma discussão detalhada" (BORBA; PENTEADO, 2001, p. 57). Esse é, efetivamente, um momento muito rico para a aprendizagem, pois um professor, ao analisar com seus alunos um gráfico plotado por um *software*, pode mostrar que também está aprendendo junto com eles e que é possível encontrar justificativas para o comportamento não esperado da máquina.

Azcárate e Deulofeu (1996) apresentam várias sugestões para trabalhar com leitura e interpretação de gráficos de funções, apresentando uma situação a partir de um gráfico e solicitando que os alunos respondam a várias questões. Por exemplo, apresentam um gráfico de velocidade x distância, que tinha sido apresentado nos meios de comunicação durante um campeonato de atletismo (chamaram o problema de "duelo Johnson-Lewis"), e perguntam se é possível saber quem foi o ganhador, quem fez a melhor saída, quem chegou a uma maior velocidade, etc. Os autores apontam, também, os erros mais comuns, que se mantêm mesmo em alunos do final do curso secundário, tais como a representação de pontos cujas coordenadas são números racionais e a concepção discreta dos pontos de uma reta, problemas também detectados na pesquisa aqui relatada.

Tendo apresentado as atividades de ensino propostas aos alunos participantes dessa investigação e tendo mostrado outras sugestões de trabalho com representação de pontos e de funções em sistemas de coordenadas cartesianas, acredito ter exemplificado, de maneira detalhada, a análise de erros como metodologia de pesquisa, mas também como metodologia de ensino, visto que, com base nos erros cometidos pelos alunos, foi possível retomar conceitos e elaborar estratégias que lhes permitiram superar dificuldades de aprendizagem do conteúdo "funções". No capítulo seguinte, retomo as possibilidades de uso dos erros no ensino, apontando outras sugestões de atividades.

Capítulo V

Sugestões para o uso da análise de erros no ensino de Matemática

Nos capítulos anteriores, a análise de erros foi abordada especialmente como metodologia de pesquisa, com apresentação de fundamentos teóricos, exemplos de investigações já realizadas e detalhamento de algumas análises de produções escritas. No entanto, a análise de erros é, também, uma metodologia de ensino e vou, a seguir, apresentar sugestões para uso dos erros em sala de aula.

Da taxionomia de uso dos erros, proposta por Borasi (1996), considero que, no ensino, essa utilização deve ter como objetivos a descoberta e a pesquisa, sendo esta, agora, entendida como "investigação em sala de aula", conforme as sugestões de Ponte, Brocardo e Oliveira (2003). Efetivamente, Borasi (1996), ao convidar os professores a abandonarem a concepção de ensino como transmissão de informações, indica o desenvolvimento de ambientes de aprendizagem, em que é possível encaminhar os alunos para atividades de exploração. Eles são encorajados a expor suas próprias ideias, a organizar o pensamento, a tecer hipóteses e a descobrir que algumas questões matemáticas podem ser resolvidas de maneiras diferentes; em síntese, a investigar.

Ponte, Brocardo e Oliveira (2003), ao tecerem considerações sobre investigações em Matemática, comentam a experiência de Poincaré, relacionada à invenção em Matemática, já mencionada no

Capítulo I, e a relação entre resolução de problemas e investigação. Quando um erro é usado como fonte de novas descobertas, está sendo considerada a possibilidade de que este erro se transforme em um problema para que os alunos (e o professor) se debrucem sobre ele e tentem inventar soluções que promovam o aprendizado.

Como base nas sugestões para uso dos erros, destaco a ideia de que o erro se constitui como um conhecimento, é um saber que o aluno possui, construído de alguma forma, e é necessário elaborar intervenções didáticas que desestabilizem as certezas, levando o estudante a um questionamento sobre as suas respostas.

Não se trata, de forma alguma, de afirmar para o estudante: "O que você está fazendo é errado, o correto é de outra forma" ou de fazê-lo repetir, tediosamente, exercícios semelhantes. Sabe-se que essa atitude é ineficaz e gera, muitas vezes, uma rejeição à Matemática, porque o estudante, perdendo a confiança na sua capacidade de aprender, sente-se desestimulado. Astolfi (1999) alerta: "O mortífero – tanto para os docentes como para os alunos – é o tempo interminável do ritual corretor sem perspectiva de acabar com os erros" (p. 86). Temos, como afirmam Ponte, Brocardo e Oliveira (2003), que chamar o aluno

> [...] a agir como um matemático, não só na formulação de questões e conjecturas e na realização de provas e refutações, mas também na apresentação de resultados e na discussão e argumentação com os seus colegas e o professor (p. 23).

Algumas das atividades aqui apresentadas foram sugeridas por autores que trabalharam com os erros, outras são ideias provenientes de publicações diversas, outras, ainda, são frutos da minha prática, mas todas elas, sem dúvida, podem ser trabalhadas com professores de Matemática, em formação inicial ou continuada, já que, além de mostrar-lhes dificuldades que eles encontram em suas práticas, também permitem desenvolver novos olhares sobre conteúdos já estudados.

As situações em que os erros podem ser usados como estratégias de ensino são muito variadas. Pode-se ter uma resposta incorreta dada por um aluno ao ser questionado em aula. Nesse caso, é necessário verificar se há muitos estudantes com a mesma dificuldade (e aproveitar o momento para criar uma estratégia) ou se ela é pontual e pode ser atendida individualmente, em outro momento. Se vários estudantes mostrarem estar com a mesma dúvida, podem-se sugerir novos dados para o problema, de modo que a insistência no erro leve a um absurdo.

Um exemplo dessa situação ocorre no trabalho com percentagens, aqui indicado em um exercício-padrão de Cálculo, mas que, como foi visto no Capítulo III, é comum em problemas de Ensino Fundamental. O exercício tem o seguinte enunciado:

Uma placa quadrada de metal, de espessura desprezível e medida do lado igual a 10 cm, é aquecida e dilata-se uniformemente, de maneira que o comprimento de cada lado tem um acréscimo de 2%. Calcule o acréscimo percentual na área.

Em quase todas as turmas de Cálculo I com que tenho trabalhado, até hoje, pelo menos um aluno indicou que o acréscimo do lado é de 0,02. A "descontextualização" do percentual, ou seja, a ideia de que 2% significa $\frac{2}{100}$, independentemente do valor sobre o qual é calculado, é um erro frequente, que também surge em outros tipos de exercício, em qualquer nível de ensino.

Ao receber essa resposta e notar que há mais alunos com a mesma ideia, pode-se propor, em primeiro lugar, que resolvam o exercício para diferentes valores de lado, ou seja, que calculem o acréscimo de 2% se o lado mede 5 cm, 1 cm, 0, 1 cm. Em seguida, pode-se questionar o que aconteceria caso se continuasse a diminuir o valor do lado, chegando, por exemplo, a 0, 01 cm. Nesse momento, alguns alunos se dão conta de que é absurdo ter um acréscimo maior do que o próprio lado, e outros colegas vêm em auxílio, argumentando que seja calculado 2% **da medida do lado**.

Essa é uma estratégia *ad hoc*, porque o erro surge em uma intervenção oral do aluno na sala de aula. Estando, por exemplo, em um laboratório de Informática, poderia-se sugerir as verificações para muitos valores, solicitando o cálculo da variação da área (ΔA), como uma forma de compreender melhor o papel do acréscimo no lado. De qualquer forma, a investigação, nesse exemplo, não leva a novos assuntos e serve apenas para auxiliar o aluno a organizar seu pensamento e se acostumar a testar suas respostas.

Outra situação de sala de aula é descrita por Lopes (1988), ao solicitar a alunos de 12 ou 13 anos, o cálculo de 2^{-3}. Os estudantes apresentam respostas diversas: -8, 8, -6, -1, ½ . Considerando que cada resposta indica uma hipótese feita a respeito da potência negativa, ele pergunta aos alunos qual seria o resultado de 3^{-2}, para os que consideraram $2^{-3} = -8$, e alguém responde que seria -9. Lopes sugere, então, que descrevam o caso geral para cada hipótese. Por exemplo, para a solução citada, teriam a hipótese H_1: $a^{-n} = -a^n$.

No diálogo posterior, o grupo de estudantes vai descartando as hipóteses que conflitam com operações já conhecidas e verificando propriedades da potenciação para cada generalização feita. Dessa forma, como afirma Lopes (1988), os erros são aceitos provisoriamente, e o aluno participa da análise de suas próprias respostas. Evidentemente, essa sugestão pode ser repetida para vários outros conteúdos em que forem detectadas concepções errôneas sobre uma determinada definição ou propriedade.

Uma segunda situação em que se pode aproveitar as respostas dos alunos é quando há trabalhos escritos e se pode planejar, com base em um erro, uma atividade de exploração, a ser desenvolvida pelos próprios alunos ou por estudantes de nível superior. Um exemplo de erro bastante comum no Ensino Fundamental, mas também encontrado em respostas de alunos universitários, é efetuar a adição de frações conforme o exemplo: $\frac{2}{3} + \frac{3}{5} = \frac{5}{8}$.

Borasi e Michaelsen (1985), que trabalharam com esse erro, sugerem que o aluno possa estar considerando uma fração como dois números naturais separados por um traço. Bathelt (1999), ao detectar o mesmo tipo de erro em alunos de 5ª série do Ensino Fundamental, também aventou essa hipótese. Borasi e Michaelsen vão mais longe, ao lembrar que muitos professores encontram esse erro após o estudo da multiplicação de frações (e este é, evidentemente, o caso dos estudantes universitários) e pode-se, então, pensar que os alunos estão "sobregeneralizando" a regra para o produto de duas frações cujos denominadores são primos entre si.

Suponhamos que esse erro seja apresentado para alunos de Álgebra de um curso de formação de professores, e que seja solicitada a descoberta de duas frações cuja soma possa ser efetuada dessa maneira, ou seja: dados os racionais $\frac{a}{b}$ e $\frac{c}{d}$, com b, d≠0, examinem para quais valores de a, b, c e d tem-se: $\frac{a}{b}+\frac{c}{d}=\frac{a+c}{b+d}$.[17]

Os alunos podem aplicar a regra-padrão e a regra alternativa para diferentes pares de números racionais e comparar o resultado ou, em uma exploração mais criativa, podem partir da equação $\frac{ad+bc}{bd}=\frac{a+c}{b+d}$ e verificar se existem inteiros que a satisfazem.

Exemplificando, suponha-se, então, que, $\frac{ad+bc}{bd}=\frac{a+c}{b+d}$ para a, b, c, d ∈ Z, com b ≠ 0, d ≠ 0 e b + d ≠ 0. Multiplicando extremos e meios, tem-se (ad + bc) . (b + d) = (a + c) . bd. Aplicando a propriedade distributiva da multiplicação em relação à adição, obtém-se abd + ad^2 + b^2c + bcd = abd + bcd. Pela lei do cancelamento da adição em Z, chega-se a ad^2 + b^2c = 0 e ad^2 = - b^2c. Como não interessa para o problema que a e c sejam nulos, considera-se a ≠ 0, c ≠ 0 e chega-se a $\frac{d^2}{b^2}=-\frac{c}{a}$. Visto que b e d são não nulos e que o primeiro termo da igualdade é sempre positivo, a e c têm sinais contrários. Nesse momento, é necessário fazer conjecturas que podem levar estudante e professor a discutirem o conceito de número racional, as definições e propriedades das operações, etc.

A discussão sobre esse problema levou Borasi e Michaelsen (1985) a questionarem os conceitos de fração e razão e a se darem conta do potencial desse tipo de exploração dos erros. Elas sugerem que:

> pode ser válido, para os alunos, se envolverem em exercícios semelhantes, de acordo com suas habilidades. Por exemplo, estudantes mais jovens ou com mais dificuldades poderiam aproveitar com o envolvimento na comparação dos resultados obtidos pela adição de frações com as duas regras diferentes. Isso pode gerar dados para serem observados e organizados, de forma a reconhecer padrões (p. 62).

Outro exemplo que já utilizei em um curso de formação continuada de professores de Matemática aproveita uma ideia proposta por Carman (1971), que usa a expressão *"misteak"*, definida como "uma operação incorreta que leva a um resultado correto" (p. 109).

---

[17] Este erro já havia sido apontado por Bradis, Minkovskii e Kharcheva, em 1962, ao trabalharem com lapsos de raciocínio matemático.

A ideia, também citada por Borasi (1996) e por Mancera (1998), é o que Carman chama de "cancelamento aritmético excêntrico". A situação foi proposta aos professores com o seguinte enunciado:

Um aluno faltou à aula sobre simplificação de frações e, quando voltou à escola, viu no caderno de um colega a igualdade $\frac{16}{64} = \frac{1}{4}$. Analisando o exemplo, ele concluiu que simplificar consiste em "cortar" o algarismo da unidade, no numerador, com o algarismo, igual, das dezenas, no denominador. Em que outros casos este aluno poderá simplificar frações que têm números de dois algarismos no numerador e no denominador, com o algarismo das unidades, no numerador, sendo igual ao das dezenas, no denominador, sem errar?

A busca de solução para o problema leva à equação $\frac{10a+b}{10b+c} = \frac{a}{c}$, com a, b e c naturais, $1 \leq a,b,c \leq 9$. Como é um exercício interessante, que aborda vários conteúdos, desenvolvo, aqui, em detalhes, algumas das possíveis hipóteses:

$$\frac{10a+b}{10b+c} = \frac{a}{c} \Rightarrow (10a+b)c = a(10b+c) \Rightarrow 10ac + bc = 10ab + ac \Rightarrow 9ac = 10ab - bc$$

$$\Rightarrow 9ac = b(10a-c) \Rightarrow b = \frac{9ac}{10a-c}$$

Suponha-se, primeiramente, que b = a:

$$b = a \Rightarrow \frac{9ac}{10a-c} = a \Rightarrow 9ac = 10a^2 - ac \Rightarrow 10ac = 10a^2 \Rightarrow a = c$$

Logo, a = b = c e tem-se o caso trivial, $\frac{10a+a}{10a+a} = \frac{a}{a}$, que é verdadeiro para qualquer a $\neq$ 0. Assim, considera-se b $\neq$ a.

Suponha-se a = c; a = $c \Rightarrow b = \frac{9a^2}{9a} \Rightarrow b = a$ (o que contraria a hipótese acima). Logo, a$\neq$c. Assim, parte-se de a,b,c distintos, $1 \leq$ a,b,c $\leq$ 9.

Se b$\leq$9, então,

$$\frac{9ac}{10a-c} \leq 9 \Rightarrow 9ac \leq 90a - 9c \Rightarrow 9ac + 9c \leq 90a \Rightarrow ac + c \leq 10a \Rightarrow c(a+1) \leq 10a \Rightarrow c \leq \frac{10a}{a+1}$$

Por outro lado, se b$\geq$1, tem-se;

$$b \geq 1 \Rightarrow \frac{9ac}{10a-c} \geq 1 \Rightarrow 9ac \geq 10a - c \Rightarrow 9ac + c \geq 10a \Rightarrow c(9a+1) \geq 10a \Rightarrow c \geq \frac{10a}{9a+1}$$

Portanto, após todos esses cálculos, usando conhecimentos de Álgebra da Educação Básica e Superior, fazendo várias hipóteses e usando transformismos algébricos, chega-se a $\frac{10a}{9a+1} \leq c \leq \frac{10a}{a+1}$. Fixando-se a, obtém-se valores para b e c.

Nesse momento, na proposta de trabalho que foi feita aos professores em formação continuada, os solucionadores se deram conta de que poderiam usar um computador para obter os valores, programando-o para encontrar a, b e c naturais, entre 1 e 9. Assim, a busca, além de revisar conceitos de Teoria dos Números, ainda pode levá-los a encontrar formas de programar um determinado *software*.

Após a resolução do problema acima, pode-se tentar solucionar outros do mesmo tipo, mas com maiores dificuldades, ou seja, tentar encontrar "cancelamentos excêntricos" para frações que tenham, no numerador e no denominador, números com três algarismos, supondo, então, todas as possibilidades: "cancelar" o algarismo das unidades, no numerador, com o das dezenas, no denominador; "cancelar" o algarismo das dezenas, no numerador e denominador, etc. Com isso, pode-se propor, aos alunos de Graduação ou Pós-Graduação em Matemática, a investigação sobre as consequências de aceitar um resultado incorreto e criar um conhecimento novo sobre o conteúdo em questão.

Como uma terceira possibilidade de trabalhar com os resultados de pesquisas sobre erros cometidos por estudantes, há aquelas atividades que exploram os conteúdos nos quais os alunos têm maiores dificuldades de aprendizagem ou com os quais desenvolvem habilidades matemáticas, de maneira geral. Na literatura relacionada com erros em Álgebra, lê-se que os estudantes têm dificuldade em "ver" um determinado padrão. Kirshner e Awtry (2004) apontam a tendência dos alunos em gerar "padrões de transformações incorretas de expressões" (p. 226) e investigam o papel, na aprendizagem de Álgebra, da "saliência visual", conceituada como "sentido estético da forma" (p. 229). Os mesmos autores apresentam exemplos de expressões que têm essa "saliência visual", como $\sqrt[n]{ab} = \sqrt[n]{a} \cdot \sqrt[n]{b}$. Assim, o erro já citado, $\sqrt{a \cdot b} = \sqrt{a} \cdot \sqrt{b}$, estaria relacionado à "saliência" da expressão da raiz do produto, que se apresenta como um obstáculo à aceitação do fato de que a raiz quadrada da soma *não* é igual à soma das raízes quadradas das parcelas. Portanto, atividades que auxiliam os estudantes a descobrirem padrões e regularidades podem, também, ajudá-los a desenvolver o "sentido da estrutura", expressão indicada por Hoch e Dreyfus (2004) e já citada no Capítulo III.

Para exemplificar essa ideia, destaco uma atividade apresentada em Ponte, Brocardo e Oliveira (2003), que se refere a um quadro de potências, conforme a Figura 5, a seguir:

1	2	2^2	2^3	2^4
	$2 + \dfrac{2}{2} = 3$	$4 + \dfrac{4}{2} = 6$	$8 + \dfrac{8}{2} = 12$	
		$6 + \dfrac{6}{2} = 9$	$12 + \dfrac{12}{2} = 18$	
			$18 + \dfrac{18}{2} = 27$	

Figura 5 – Atividade com números

Fonte: PONTE; BROCARDO; OLIVEIRA, 2003, p. 70.

Além de completar o quadro e buscar regularidades entre os números de cada linha e os de cada coluna, conforme sugerido pelos autores, também se pode explorar conceitos de Álgebra Linear, tais como a forma geral de um elemento de uma matriz quadrada. Indicando-se por $a_{i,j}$ ($0 \leq i,j \leq n$) um elemento da matriz n x n representada pelo quadro, $a_{i,j}$ pode ser escrito como um produto de potências. A busca dessa expressão envolve propriedades da potenciação, conteúdo que tem gerado muitos erros, especialmente em exercícios relacionados com limites e derivadas.

Kirshner e Awtry (2004) consideram que a "saliência visual" é um "sentido estético". Por que não aproveitar, então, o senso estético presente, por exemplo, nos fractais e propor atividades que os explorem? Barbosa (2002) propõe a criação de fractais, inclusive com recursos computacionais, anexando à obra um *software* que permite a geração de alguns deles. O trabalho com o triângulo de Sierpinski, por exemplo, é uma atividade rica em exploração de conteúdos, pois se pode propor a apresentação do desenho das formas obtidas em cada estágio e solicitar aos alunos a área e o perímetro da figura remanescente após cada remoção (considerando unitária a área do triângulo original ou o seu perímetro, conforme o caso).[18] O trabalho permite explorar, inclusive, o conceito de limite de uma sequência, no Cálculo I.

Outra atividade que pode ser planejada de antemão, tendo como base resultados de investigações sobre erros de estudantes de Cálculo, envolve a dificuldade dos alunos em aplicar a regra da derivada da função quociente, não pela regra em si, mas pelos erros relacionados a conteúdos de Ensino Fundamental. Por exemplo, é frequente que os estudantes, quando solicitados a derivar a função dada por $f(x) = \frac{2x - x^2}{x - 3}$, expressem a derivada como $f'(x) = \frac{2 - 2x.x - 3 - 2x - x^2.1}{(x-3)^2}$, esquecendo-se de usar parênteses para indicar o produto de binômios. Dessa forma, ao reescrever a expressão para apresentar a resposta, indicam o produto 2x . x, quando deveriam ter o produto (2 - 2x) . (x - 3). O que pode ser planejado para explorar esse erro de escrita matemática (a falta de parênteses) e levar os alunos a refletir sobre ele?

Allevato (2004) discute uma situação de aprendizagem em que alunos, digitando leis de funções no *software Winplot*, obtinham gráficos errados porque haviam esquecido (ou utilizado mal) os parênteses. Ao examinar os gráficos e dialogar com os alunos sobre o problema, a autora comenta:

> Vários detalhes deste conjunto de dados me fizeram repensar sobre esta dificuldade dos alunos em reconhecer se é necessário ou não colocar parênteses na digitação da fórmula de uma função (p. 13).

Essa dificuldade surge, portanto, em várias situações na Educação Básica e na Superior causando problemas na aprendizagem de disciplinas como Cálculo e Álgebra Linear em cursos de Ciências Exatas. Pode-se, então, pensar em atividades em que se explore o erro com apoio da tecnologia informática, usando *softwares* livres ou proprietários, conforme as disponibilidades das instituições de ensino.

---

[18] Para a compreensão dos desenhos das figuras remanescentes, ver BARBOSA, 2002, p. 42-43.

Borba e Penteado (2001) apontam as possibilidades de realizar investigações em atividades com computadores ou calculadoras, trazendo um exemplo com gráficos de funções quadráticas, em que os alunos, divididos em grupos, "geram várias conjecturas e conseguem desenvolver argumentos para várias delas" (p. 35). É esta a minha sugestão para o trabalho com computadores e *softwares* gráficos, a partir da constatação do erro relacionado à falta de parênteses, por exemplo, na exploração da função seno e na solicitação, aos estudantes, do esboço dos gráficos das funções que representam simetrias, translações, dilatações e contrações do gráfico da função original, usando o *software*.

É apresentada a definição de translação horizontal,[19] por exemplo, e solicita-se que os alunos gerem translações do gráfico de y = sen(x) para vários valores da constante k. Em duplas, os alunos testam os valores, usando o *software* para gerar os gráficos, e vão fazendo suposições sobre a relação entre o sinal de k e o movimento do gráfico. Após deduzirem as regras para todos os movimentos solicitados, os alunos vão gerar funções obtidas pela composição de movimentos, para a definição das quais é fundamental o uso correto dos parênteses, como, por exemplo, na função dada por y = sen [(px + q) - k] + m, com p, q, k, m $\in \mathfrak{R}$. Com base nas discussões sobre os resultados que visualizam na tela, os estudantes podem decidir sobre a correção ou incorreção do uso dos parênteses e, conforme aponta Borasi (1996), podem chegar, inclusive, a *insights* inesperados sobre linguagem matemática, o que lhes permite reconstruir seu conhecimento sobre o uso de parênteses, de uma maneira geral.

---

[19] Dada a função y = f(x), o gráfico de uma função g tal que g(x) = f(x + k), com k$\in\mathfrak{R}$, representa uma translação do gráfico da f.

Capítulo VI

Considerações finais

Nos capítulos anteriores, procurei mostrar que a análise de erros é uma abordagem de pesquisa – com fundamentações teóricas variadas, objetivos distintos e participação de estudantes de todos os níveis de ensino nas amostras –, mas também é uma metodologia de ensino, podendo ser empregada quando se detecta dificuldades na aprendizagem dos alunos e se quer explorá-las em sala de aula.

Mas como detectar essas dificuldades, refletir sobre elas e criar atividades apoiadas nos erros, não aceitando a existência de tais erros? Em geral, o erro é execrado, e o aluno teme a reação do professor se não consegue dar a resposta esperada. Muitas vezes, cria-se uma reação em cadeia: o estudante escondendo seu erro para não ser punido; o professor tentando fazê-lo cair nas "ciladas" em questões que apresentam exatamente as dificuldades que o aluno oculta ou, até mesmo, não se dá conta da existência.

Quando essa prática é apontada ou criticada pelas direções, pelas supervisões ou mesmo por colegas que tentam encarar o erro sob uma nova perspectiva, menos "aterrorizante", as discussões passam para um novo patamar: os professores que costumam criar as "ciladas" para os alunos justificam sua atitude com o argumento de que não se pode "afrouxar" o ensino, enquanto os outros, que aceitam os erros e os empregam como recurso didático, se sentem criticados e reagem em termos pessoais, e não pedagógicos. Assim, a discussão, que deveria aprofundar-se nas causas dos erros, nas dificuldades dos alunos, nas metodologias de ensino e no papel de cada conteúdo em uma determinada grade curricular, passa a ser alimentada por sentimentos que, talvez, tenham sua origem nos medos e inseguranças que cada um dos participantes alguma vez sentiu nas situações em que errou.

Portanto, discutir erros não é tarefa fácil, mas nem por isso se deve evitar o assunto, pois é responsabilidade dos formadores de professores quebrarem essa cadeia de mal-entendidos e proporcionar aos futuros docentes de Matemática a oportunidade de olharem seus próprios erros, para, com base em uma discussão sobre eles, retomarem os conteúdos nos quais apresentam dificuldades que, se não superadas, somente servirão para alimentar novas ocorrências de erros por parte de seus futuros alunos.

Em 1980, um grupo de professores do IREM[20] de Grenoble, França, propôs a alunos de cerca de oito anos de idade o seguinte problema: "Em um barco, há 26 carneiros e 10 cabras. Qual é a idade do capitão?". Dos 97 estudantes questionados, 76 deles responderam que o capitão tinha 36 anos! Com o "susto", os pesquisadores de Grenoble resolveram refazer a experiência, propondo outros enunciados do mesmo tipo, aumentando a amostra e a faixa etária dos alunos, e continuaram se surpreendendo com o que Baruk (1985) chama de "terrível aceitação do inaceitável" (p. 28).

Segundo Baruk (1985), em cada conferência em que ela relatava essa pesquisa, a reação dos ouvintes, em geral professores, era violenta, criticando os investigadores por terem exposto os alunos a tal abuso. Mas ela insiste que a pesquisa não causou prejuízo aos estudantes, apenas revelou o prejuízo que já se tinha instalado, a saber, o automatismo das respostas frente à necessidade de se dizer alguma coisa, quando o esperado deveria ser, segundo Baruk, uma risada geral dos alunos e uma crítica do tipo "esses professores são loucos"!

O que se pode refletir, com base nas considerações que aponto neste capítulo final? Em primeiro lugar, questiono a falta de discussões sobre erros em cursos de formação de professores. Parece que cada erro cometido por um futuro professor de Matemática é apontado, é

---

[20] Institut de Recherche sur l'Énseignement des Mathématiques (Instituto de Pesquisa sobre o Ensino de Matemática).

riscado em vermelho, e a ele se atribui alguma pontuação negativa, mas raramente há tempo para voltar ao erro e partir dele para reconstruir algum conhecimento. E, no entanto, como já foi visto nos capítulos anteriores, o erro é fonte de saberes, é um saber, enquistado, resistente, apontando para algum problema que exige atenção.

As pesquisas sobre erros na aprendizagem de Matemática devem fazer parte do processo de formação dos futuros professores, pois, ao investigar erros, ao observar como os alunos resolvem um determinado problema, ao discutir as soluções com os estudantes, os licenciandos em Matemática estarão refletindo sobre o processo de aprendizagem nessa disciplina e sobre as possíveis metodologias de ensino que vão implementar no início de suas práticas, podendo ajudar seus alunos logo que detectarem alguma dificuldade.

Abrate, Pochulu e Vargas (2006, p. 16) também concordam com essa ideia, afirmando que o estudo dos erros poderia "proporcionar chaves sobre quais estratégias resultam mais convenientes na hora de levar adiante os processos de ensino e aprendizagem em Matemática", acrescentando, ainda, que

> [...] os professores em formação cometem erros na realização de tarefas matemáticas, muitos deles semelhantes ou devidos às mesmas causas que aqueles cometidos pelos alunos; e expor as concepções deficientes e os erros cometidos resultaria em uma tarefa formativa que não se pode descartar, já que os obrigaria a uma reestruturação positiva dos esquemas prévios (p. 16).

Efetivamente, se os futuros professores têm concepções negativas sobre o erro, se não aceitam sua ocorrência, como poderão ajudar seus alunos a superar o sentimento negativo em relação aos erros? Além disso, como já foi citado no capítulo anterior, os erros cometidos pelos futuros professores podem auxiliá-los a reconstruir seu próprio conhecimento, se seus mestres propuserem atividades que "desacomodem" suas certezas.

Em relação à pesquisa relatada no Capítulo III, realizada com calouros de cursos de Ciências Exatas, foi feita uma atividade com estudantes em formação inicial e continuada. O mesmo teste empregado com os calouros, agora com questões abertas, foi aplicado a alunos de 3º semestre de um curso de Licenciatura em Matemática. A correção das soluções (sem identificação dos respondentes) foi realizada por alunos de 7º semestre do mesmo curso, em uma disciplina de Metodologia do Ensino de Matemática, na qual a análise de erros é um dos temas de estudo. Ao mesmo tempo, as respostas a uma das questões do teste original foram apresentadas a professores que cursavam Pós-Graduação em Educação Matemática para que eles analisassem os erros cometidos pelos calouros.

Ao avaliar as produções desses três grupos de participantes, foi possível notar que os alunos do 3º semestre da Licenciatura ainda cometiam alguns dos erros detectados nas soluções dos calouros. Além disso, as correções feitas pelos alunos do 7º semestre, pelos professores em formação continuada e pela pesquisadora mostraram que cada um analisou os erros segundo suas perspectivas imediatas: os estudantes do 7º semestre, já trabalhando com Ensino Fundamental e Médio em seus estágios, e os professores que cursavam a Pós-Graduação, todos eles docentes da Educação Básica, classificaram os erros segundo as dificuldades nos conteúdos com os quais trabalham mais diretamente (potenciação, função exponencial, entre outros), enquanto a pesquisadora, porque enfocava as dificuldades futuras dos calouros em disciplinas matemáticas, se preocupou mais com os erros que repercutiriam na aprendizagem do Cálculo, por exemplo. Mas a troca de experiências e as diferentes visões foram enriquecedoras para todos os envolvidos, porque os levou a discutir suas próprias concepções de erro.

Em cursos de formação inicial ou continuada de professores, é possível e desejável criar grupos de estudo para refletir sobre os erros. Inicialmente, os grupos podem estudar pesquisas já realizadas, em seguida podem reaplicá-las em suas turmas – tanto as do próprio curso como as dos seus alunos-mestres – e, finalmente, podem aproveitar algum erro que tenha se apresentado com frequência e, com base nele, criar uma atividade investigativa para aplicar aos estudantes. Dessa forma, não haveria a separação ainda presente nos cursos de Licenciatura entre as disciplinas específicas e as pedagógicas, pois o conjunto de professores, como um todo, traria suas experiências de ensino e suas dificuldades, discutindo com o grupo (no qual estariam, também, os alunos de Graduação e os de Pós-Graduação).

As discussões poderiam originar sugestões de novas experiências, de elaboração de oficinas e de relatos para apresentar em eventos, e, dessa forma, o trabalho do grupo seria apresentado à comunidade de Educação Matemática, sofrendo críticas e sugestões, mas também oferecendo ideias para a criação de novos grupos. Nessa proposta, é válida a observação de Araújo e Borba (2004, p. 38): "Um trabalho em grupo permite que diversos focos sejam escolhidos, diversos procedimentos sobre o mesmo foco sejam utilizados, proporcionando uma perspectiva mais global de um fenômeno estudado".

Ao compartilhar com os leitores essas informações, experiências, reflexões e propostas sobre análise de erros, espero ter contribuído para que essa abordagem venha a se firmar como uma tendência em Educação Matemática, com novos estudos e experiências que, no futuro, possam gerar novas produções sobre o tema.

Referências

ABRATE, R. S.; POCHULU, M. D.; VARGAS, J. M. *Errores y dificultades en matemática: análisis de causas y sugerencias de trabajo.* Buenos Aires: Universidad Nacional de Villa María, 2006.

AGUILAR, Verónica H. Un estudio exploratorio sobre la asignación de sentido a las representaciones básicas de la variación, al término de la primaria y el inicio de la secundaria. *Educación Matemática*, v. 6, n. 3, p. 65-81, dic. 1994.

ALLEVATO, Norma S. G. Resolução de problemas, software gráfico e detecção de lacunas no conhecimento da linguagem algébrica. In: ENCONTRO NACIONAL DE EDUCAÇÃO MATEMÁTICA, 8., 2004, Recife. *Anais...* Recife: UFPE, 2005. CD-ROM.

ALLEVATO, Norma S. G. *Associando o computador à resolução de problemas fechados: análise de uma experiência.* 2005. Tese (Doutorado em Educação Matemática) – Instituto de Geociências e Ciências Exatas, Universidade Estadual Paulista, Rio Claro, 2005.

ARAÚJO, Jussara de L.; BORBA, Marcelo de C. Construindo pesquisas coletivamente em Educação Matemática. In: BORBA, M. de C.; ARAÚJO, J. de L. (Orgs.). *Pesquisa Qualitativa em Educação Matemática.* Belo Horizonte: Autêntica, 2004. p. 25-45. Coleção Tendências em Educação Matemática.

ARTIGUE, Michèle. Épistemologie et didactique. *Cahier de Didirem*, Paris, n. 3, p. 1-16, 1989.

ASTOLFI, J. P. *El "error", un medio para enseñar.* Sevilla: Díada, 1999. Colección Investigación y Enseñanza.

AZCÁRATE, Carmen; DEULOFEU, Jordi. *Funciones y Graficas*. Madrid: Síntesis, 1996.

BACHELARD, Gaston. *A formação do espírito científico: contribuição para uma psicanálise do conhecimento*. Rio de Janeiro: Contraponto, 1996.

BALDINO, R. R.; CABRAL, T.C.B. Erro do significado ou significado do erro? *Boletim Gepem*, n. 35, p. 9-41, 1999.

BARBOSA, Ruy M. *Descobrindo a Geometria Fractal para a sala de aula*. Belo Horizonte: Autêntica, 2002. Coleção Tendências em Educação Matemática.

BARDIN, Laurence. *Análise de conteúdo*. Lisboa: Edições 70, 1979.

BARUK, Stella. *L'âge du capitaine: de l'erreur en mathématiques*. Paris: Éditions du Seuil, 1985.

BATHELT, Regina E. *Erros e concepções de alunos sobre a idéia de número*. 1999. Dissertação (Mestrado em Educação) – Centro de Educação, Universidade Federal de Santa Maria, 1999.

BATISTA, Cecíia G. Fracasso escolar: análise de erros em operações matemáticas. *Zetetiké*, v. 3, n. 4, p. 61-72, nov. 1995.

BERLINER, David C. The 100-year journey of educational psychology: from interest, to disdain, to respect for practice. In: FAGAN, T. K.; VANDENBOG, G. R. (Ed.). *Exploring Applied Psychology: origins and critical analysis*. 1993. Disponível em: http://courses.ed.asu.edu/berliner/readings/journey.htm. Acesso em: 24 mar. 2006.

BERLINSKI, David. *A tour of the calculus*. New York: Pantheon Books, 1995.

BESSOT, Annie. Analyse d´erreurs dans l´utilization de la suite des nombres par les enfants de la 1ére anée de l´énseignement obligatoire en France ou cours preparatoire. In: International Congress on Mathematical Education, 4., 1980, Berkeley. *Proceedings...* Berkeley: ICME, 1980, p. 474-476.

BIN ALI, M.; TALL, D. Procedural and conceptual aspects of standard algorithms in calculus. In: PSYCHOLOGY OF MATHEMATICS EDUCATION, 20, 1996, Valencia. *Proceedings...* Valencia: PME, 1996. v. 2, p. 19-26.

BORASI, Raffaella. Using errors as springboards for the learning of mathematics; an introduction. *Focus on Learning Problems in Mathematics*, v. 7, n. 3-4, p. 1-14, 1985.

BORASI, Raffaella. Alternative perspectives on the educational uses of errors. In: COMISSION INTERNATIONALE POUR L´ÉTUDE ET L´AMÉLIORATION DE L´ENSEIGNEMENT DES MATHÉMATIQUES, 39., 1987, Sherbrooke, Canada. *Proceedings...* Sherbrooke: CIEAEM, 1987. p. 1-12.

BORASI, Raffaella. Sbagliando s'impara: alternative per um uso positivo degli errorri nella didattica della matematica. *L'insegnamento della Matematica e delle Scienze Integrate*, v. 11, n. 4, p. 365-404, apr. 1988.

Referências

BORASI, Raffaella. Definizioni incorrette di cerchio: uma miniera d'oro per gli insegnanti di matemática. *L'insegnamento della Matematica e delle Scienze Integrate*, v. 12, n. 6, p. 773-795, giugno 1989.

BORASI, Raffaella. *Reconceiving mathematics Instruction: a Focus on Errors.* Norwood, NJ: Ablex Publishing Corporation, 1996.

BORASI, R.; MICHAELSEN, J. Discovering the difference between fractions and ratios. *Focus on Learning Problems in Mathematics*, v. 7, n. 3-4, p. 53-63, 1985.

BORBA, M. de C.; PENTEADO, M. G. *Informática e Educação Matemática.* Belo Horizonte: Autêntica, 2001. Coleção Tendências em Educação Matemática.

BRADIS, V. M.; MINKOVSKII, V. L.; KHARCHEVA, A. K. *Lapses in mathematical reasoning.* Oxford: Pergamon Press, 1962.

BRASIL. Ministério da Educação. Secretaria de Educação Média e Tecnológica. *Orientações Educacionais Complementares aos Parâmetros Curriculares Nacionais (PCN+) – Ciências da Natureza, Matemática e suas Tecnologias.* Brasília: MEC, 2002. Disponível em:http://portal.mec.gov.br/seb/arquivos/pdf/Ciencias Natureza.pdf. Acesso em: 17 fev. 2006.

BROUSSEAU, Guy. Les obstacles épistémologiques et les problèmes en mathématiques. *Recherches em Didactique des Mathématiques,* v. 4, n. 2, p. 165-198, 1983.

CABRAL, T. C. B.; BALDINO, R. R. O ensino de matemática em um curso de engenharia de sistemas digitais. In: CURY, H. N. (Org.). *Disciplinas matemáticas em cursos superiores: reflexões, relatos, propostas.* Porto Alegre: EDIPUCRS, 2004, p. 139-186.

CARMAN, R. A. Mathematical misteaks. *Mathematics Teacher*, v. 64, n. 2, p. 109-115, Feb. 1971.

CAZORLA, Irene M. *A relação entre a habilidade viso-pictórica e o domínio de conceitos estatísticos na leitura de gráficos.* 2002. Tese (Doutorado em Educação) – Faculdade de Educação, Universidade Estadual de Campinas, 2002.

CHEVALLARD, Yves; FELDMANN, Serge. *Pour une analyse didactique de l'evaluation.* Marseille: IREM, 1986.

CLEMENTS, M. A. Analyzing children's errors on written mathematical tasks. *Educational Studies in Mathematics,* n. 11, p. 1-21,1980.

CREPALDI, C. V.; WODEWOTZKI, M. L. L. A avaliação da aprendizagem matemática através da análise de erros. *Didática,* n. 24, p. 87-99, 1988.

CUNNINGHAM, William F. *Introdução à Educação.* Porto Alegre: Globo, 1960.

CURY, Helena N. *Análise de Erros em demonstrações de geometria plana: um Estudo com Alunos de 3º Grau.* 1988. Dissertação (Mestrado em Educação) – Faculdade de Educação, Universidade Federal do Rio Grande do Sul, Porto Alegre, 1988.

CURY, Helena N. Análise de erros e análise de conteúdo: subsídios para uma proposta metodológica. In: SEMINÁRIO INTERNACIONAL DE PESQUISA EM EDUCAÇÃO MATEMÁTICA, 2., 2003, Santos. *Anais...* Santos: SBEM, 2003. CD-ROM.

CURY, Helena N. *As concepções de Matemática dos professores e suas formas de considerar os erros dos alunos.* 1994. Tese (Doutorado em Educação) – Faculdade de Educação, Universidade Federal do Rio Grande do Sul, Porto Alegre, 1994.

CURY, Helena N. "Professora, eu só errei um sinal!": como a análise de erros pode esclarecer problemas de aprendizagem. In: CURY, H. N. (Org.). *Disciplinas matemáticas em cursos superiores: reflexões, relatos, propostas.* Porto Alegre: EDIPUCRS, 2004, p. 111-138.

CURY, H. N.; CASSOL, M. Análise de erros em Cálculo: uma pesquisa para embasar mudanças. *Acta Scientiae,* v. 6, n.1, p. 27-36, jan./jun. 2004.

DA ROCHA FALCÃO, J. T. *Psicologia da Educação Matemática: uma introdução.* Belo Horizonte: Autêntica, 2003. Coleção Tendências em Educação Matemática.

D'AMORE, Bruno. *Epistemologia e didática da Matemática.* São Paulo: Escrituras Editora, 2005.

DEL PUERTO, S. M.; MINNAARD, C. L.; SEMINARA, S. A. Análisis de los errores: una valiosa fuente de información acerca del aprendizaje de las matemáticas. *Revista Ibero-Americana de Educación,* v.38, n. 4, 10 abr. 2006. Disponivel em: http://www.rieoei.org/1285.htm. Acesso em 15 abr. 2006.

EL BOUAZZOUI, Habiba. *Conceptions des élèves et des professeurs à propos de la notion de continuité d'une function.* 1988. Tese (Doutorado) – Faculté des Sciences de l'Éducation, Université Laval, 1988.

ENGLER, Adriana *et al.* Los errores en el aprendizaje de matemática. *Revista Premisa de la Sociedad Argentina de Educación Matemática,* v. 6, n. 23, p. 23-32, nov. 2004. Disponivel em: http://www. soarem.org.ar/Publicaciones Los%20 Errores. pdf#search ='los%20 errores%20en %20 e l%20aprendizaje%20de % 20 matematica'. Acesso em: 2 jul. 2005.

ESTEBAN, M. T. *O que sabe quem erra? Reflexões sobre avaliação e fracasso escolar.* 3. ed. Rio de Janeiro: DP&A, 2002.

ESTELEY, Cristina; VILLARREAL, Mónica. Análisis y categorización de errores en matemática. *Revista de Educación Matemática,* v.11, n.1, p. 16-35, 1996.

FELDER, R. M.; SOLOMAN, B. A. *Learning styles and strategies.* Disponível em: http://www.ncsu.edu/felder-public/ILSdir/styles.htm. Acesso em: 18 fev. 2006.

FIORENTINI, Dario. *Rumos da pesquisa brasileira em educação matemática: o caso da produção científica em cursos de pós-graduação.* 1994. Tese (Doutorado em Educação) – Faculdade de Educação, Universidade Estadual de Campinas, 1994.

Referências

FREITAS, Marcos A. de. *Equação do 1º grau: métodos de resolução e análise de erros no ensino médio.* 2002. Dissertação (Mestrado em Educação Matemática) – Pontifícia Universidade Católica de São Paulo, 2002.

GALLETTI, L. *et al.* La "streategia dell'errore". *L'insegnamento della Matematica e delle Scienze Integrate,* v. 12, n. 8, p. 971-1001, ago. 1989.

GÓMEZ Alfonso, B. Tipología de los errores en el cálculo mental: un estudio en el contexto educativo. *Enseñanza de las Ciencias,* v. 13, n. 3, p. 313-325, 1995.

GUILLERMO, M. A. S. Problemas algebraicos de los egresados de educación secundaria. *Educación Matemática,* v. 4, n. 3, p. 43-50, dic. 1992.

GUIMARÃES JUNIOR, W. Um prototipo para o diagnóstico automático de erros no algoritmo de subtração. In: CONGRESSO NACIONAL DE INICIAÇÃO CIENTÍFICA EM MATEMÁTiCA, 2., 1989, Rio de Janeiro. *Anais...* Rio de Janeiro: UFRJ, 1989. p. 2-19.

GUSMÃO, Tânia C. R. S. *Razão e emoção: na sala de aula de matemática.* 2000. Dissertação (Mestrado em Educação Matemática) – Instituto de Geociências e Ciências Exatas, Universidade Estadual Paulista, Rio Claro, 2000.

HADAMARD, Jacques. *An essay on the psychology of invention in the mathematical field.* Princeton: Princeton University Press, 1945.

HOCH, M.; DREYFUS, T. Structure sense in high school algebra: the effect of brackets. In: CONFERENCE OF THE INTERNATIONAL GROUP FOR THE PSYCHOLOGY OF MATHEMATICS EDUCATION, 28., 2004, Bergen, Norway. *Proceedings...* Bergen: PME, 2004. CD-ROM.

HOWSON, A. G. *Developments in Mathematical Education.* Cambridge: Cambridge University Press, 1973.

HUTCHERSON, Lyndal R. *Errors in problem solving in sixth-grade mathematics.* 1975. Tese (Doutorado em Filosofia) – University of Texas, Austin, 1975.

IGLIORI, Sonia B. C. A noção de "obstáculo epistemológico" e a educação matemática. In: MACHADO, Silvia D. A. *et al. Educação Matemática: uma introdução.* São Paulo: EDUC, 1999, p. 89-113.

KENT, David. Some process through which mathematics is lost. *Educational Research,* v. 21, n. 1, p. 27-35, nov. 1978.

KILPATRICK, J.; WIRSZUP, I. Introduction. In: KRUTETSKII, V. A. *The Psychology of Mathematical Abilities in Schoolchildren.* Chicago: University of Chicago Press, 1976, p. xi-xvi.

KIRSHNER, D.; AWTRY, T. Visual salience of algebraic transformations. *Journal for Research in Mathematics Education,* v. 35, n. 4, p. 224-257, 2004.

KRUTETSKII, VADIM A. *The psychology of mathematical abilities in schoolchildren.* Chicago: The University of Chicago Press, 1976.

LOPES, Antonio José. Erreurs: mensonges qui semblent vérités ou vérités qui semblent mensonges. In: COMMISSION INTERNACIONALE POUR L'ÉTUDE ET L'AMÉLIORATION DE L'ENSEIGNEMENT DES MATHÉMATIQUES, 39, 1987, Sherbooke. *Actes...* Sherbrooke, Canada: Université de Sherbrooke, 1988, p. 440-443.

MANCERA, Eduardo. *Errar es um placer.* México: Grupo Editorial Iberoamérica, 1998. Colección Didáctica de las matemáticas.

MILANI, Raquel. *Concepções infinitesimais em um curso de Cálculo.* 2002. Dissertação (Mestrado em Educação Matemática) – Instituto de Geociências e Ciências Exatas, Universidade Estadual Paulista, Rio Claro, 2002.

MODEL, Silvana L. *Dificuldades de alunos com a simbologia matemática.* 2005. Dissertação (Mestrado em Educação em Ciências e Matemática) – Pontifícia Universidade Católica do Rio Grande do Sul, Porto Alegre, 2005.

MORAES, Roque. Análise de conteúdo. *Educação,* Porto Alegre, v. 22, n. 37, p. 7-32, 1999.

MORAES, Roque. Uma tempestade de luz: a compreensão possibilitada pela análise textual discursiva. *Ciência e Educação,* v. 9, n. 2, p. 191-211, 2003.

MOREIRA, Plínio C.; DAVID, Maria Manuela M. S. *A formação matemática do professor: licenciatura e prática docente escolar.* Belo Horizonte: Autêntica, 2005. Coleção Tendências em Educação Matemática.

MOREN, E. B. da S.; DAVID, M. M. M. S.; MACHADO, M. da P. L. Diagnóstico e análise de erros em matemática: subsídios para o processo ensino-aprendizagem. *Cadernos de Pesquisa,* n. 83, p. 43-51, nov. 1992.

MOVSHOVITZ-HADAR, N.; INBAR, S.; ZASLAVSKY, O. Students's distortions of theorems. *Focus on Learning Problems in Mathematics,* v. 8, n. 1, p. 49-57, 1986.

NAVARRO, P.; DÍAZ, C. Análisis de contenido. In: DELGADO, J. M.; GUTIERRES, J. *Métodos y técnicas cualitativas de investigación em ciencias sociales.* Madrid: Sintesis, 1994. Cap. 7.

NEWELL, A.; SHAW, J. C.; SIMON, H. A. Elements of a theory of human problem solving. *Psychological Review,* v. 65, n. 3, p. 151-166, 1958.

NEWELL, A.; SIMON, H. A. *Human Problem Solving.* Englewood Cliffs, N.J.: Prentice-Hall, 1972.

NOTARI, Alexandre M. *Simplificação de frações aritméticas e algébricas: um diagnóstico comparativo dos procedimentos.* 2002. Dissertação (Mestrado em Educação Matemática) – Pontifícia Universidade Católica de São Paulo, 2002.

PAIS, Luiz Carlos. *Didática da Matemática: uma análise da influência francesa.* Belo Horizonte: Autêntica, 2001. Coleção Tendências em Educação Matemática.

Referências

PATTON, Michael Q. *Qualitative Evaluation Methods.* London: Sage, 1986.

PEREGO, Franciele. *O que a produção escrita pode revelar? Uma análise de questões de matemática.* Dissertação (Mestrado em Ensino de Ciências e Educação Matemática) – Universidade Estadual de Londrina, 2006.

PINTO, Neuza B. *O erro como estratégia didática no ensino da matemática elementar.* 1998. Tese (Doutorado em Educação) – Faculdade de Educação, Universidade de São Paulo, 1998.

POCHULU, Marcel D. Análisis y categorización de errores en el aprendizaje de la matemática en alumnos que ingresan a la universidad. *Revista Ibero-Americana de Educación,* v. 35, n.4, 2004. Disponível em: http://www.campus-oei.org/revista/deloslectores/849Pochulu.pdf. Acesso em: 10 jan. 2005.

POINCARÉ, Henri. Mathematical creation. *Resonance,* v. 5, n. 2, p. 85-94, Feb. 2000. Disponível em: http://www.llsc.ernet.in/academy/resonance/Feb2000/. Acesso em: 15 mar. 2006.

PÓLYA, George. O ensino por meio de problemas. *Revista do Professor de Matemática,* n. 7, p. 11-16, 2. sem. 1985.

PONTE, J. P. da; BROCARDO, J.; OLIVEIRA, H. *Investigações matemáticas na sala de aula.* Belo Horizonte: Autêntica, 2003. Coleção Tendências em Educação Matemática.

RADATZ, Hendrik. Error analysis in mathematics education. *Journal for Research in Mathematics Education,* v. 10, n. 3, p. 163-172, May 1979.

RADATZ, Hendrik. Students' errors in the mathematical learning process: a survey. *For the Learning of Mathematics,* v. 1, n. 1, p. 16-20, July 1980.

RESNICK, Lauren B.; FORD, Wendy W. *La enseñanza de las matemáticas y sus fundamentos psicológicos.* Barcelona: Paidós, 1990.

RIBEIRO, Alessandro J. *Analisando o desempenho de alunos do ensino fundamental em Álgebra, com base em dados do SARESP.* 2001. Dissertação (Mestrado em Educação Matemática) – Pontifícia Universidade Católica de São Paulo, 2001.

SÁNCHEZ, José del R. Concepciones erróneas en matemáticas: revisión y evaluación de las investigaciones. *Educar,* n. 17, p. 205-219, 1990.

SCHECHTER, Eric. *The most common errors in undergraduate mathematics.* Disponível em: http://www.math.Vanderbilt.edu/~schectex/commerrs/. Acesso em: 17 março 2006.

SILVA, Márcia C.N. *Do observável para o oculto: um estudo da produção escrita de alunos da 4ª série em questões de matemática.* 2005. Dissertação (Mestrado em Ensino de Ciências e Educação matemática) – Universidade Estadual de Londrina, 2005.

SMITH, Rolland R. Three major difficulties in the learning of demonstrative geometry. Part I: Analysis of errors. *Mathematics Teacher,* v. 33, n. 3, p. 99-134, Mar. 1940a.

SMITH, Rolland R. Three major difficulties in the learning of demonstrative geometry. Part II: Description and evaluation of methods used to remedy errors. *Mathematics Teacher,* v. 33, n. 4, p. 150-178, Apr. 1940b.

SKOVSMOSE, Ole. *Educação matemática crítica: a questão da democracia.* Campinas: Papirus, 2001.

SOUZA, Suely S. S. Um estudo diagnóstico dos erros dos alunos em matemática a partir de um referencial teórico-construtivista. In: SIMPÓSIO INTERNACIONAL DE PESQUISA EM EDUCAÇÃO MATEMÁTICA, 2., 2003, Santos. *Anais...* São Paulo: SBEM, 2003. CD-ROM.

THORNDIKE, Edward L. *A nova metodologia da Aritmética.* Porto Alegre: Globo, 1936.

TRIVIÑOS, Augusto N. S. *Introdução à pesquisa em ciências sociais: a pesquisa qualitativa em educação.* São Paulo: Atlas, 1987.

UTSUMI, Miriam C. *Atitudes e habilidades envolvidas na solução de problemas algébricos: um estudo sobre o gênero, a estabilidade das atitudes e as habilidades matemáticas dos estudantes das séries finais do 1º grau.* 2000. Tese (Doutorado em Educação) – Faculdade de Educação, Universidade Estadual de Campinas, 2000.

VALENTINO, R. L. M.; GRANDO, R. C. O conhecimento algébrico que os alunos apresentam no início do curso de Licenciatura em matemática: um olhar sob os aspectos da álgebra elementar. In: ENCONTRO NACIONAL DE EDUCAÇÃO MATEMÁTICA, 8., 2004, Recife. *Anais...* Recife: UFPE, 2005. CD-ROM.

Outros títulos da coleção
Tendências em Educação Matemática

A matemática nos anos iniciais do ensino fundamental – Tecendo fios do ensinar e do aprender
Autoras: *Adair Mendes Nacarato, Brenda Leme da Silva Mengali, Cármen Lúcia Brancaglion Passos*

Afeto em competições matemáticas inclusivas – A relação dos jovens e suas famílias com a resolução de problemas
Autoras: *Nélia Amado, Susana Carreira, Rosa Tomás Ferreira*

Álgebra para a formação do professor – Explorando os conceitos de equação e de função
Autores: *Alessandro Jacques Ribeiro, Helena Noronha Cury*

Aprendizagem em Geometria na educação básica – A fotografia e a escrita na sala de aula
Autores: *Cleane Aparecida dos Santos, Adair Mendes Nacarato*

Brincar e jogar – enlaces teóricos e metodológicos no campo da Educação Matemática
Autor: *Cristiano Alberto Muniz*

Da etnomatemática a arte-design e matrizes cíclicas
Autor: *Paulus Gerdes*
Descobrindo a Geometria Fractal – Para a sala de aula
Autor: *Ruy Madsen Barbosa*

Diálogo e aprendizagem em Educação Matemática
Autores: *Helle AlrØ e Ole Skovsmose*

Didática da Matemática – Uma análise da influência francesa
Autor: *Luiz Carlos Pais*

Educação a Distância *online*
Autores: *Marcelo de Carvalho Borba, Ana Paula dos Santos Malheiros, Rúbia Barcelos Amaral*

Educação Estatística - Teoria e prática em ambientes de modelagem matemática
Autores: *Celso Ribeiro Campos, Maria Lúcia Lorenzetti Wodewotzki, Otávio Roberto Jacobini*

Educação Matemática de Jovens e Adultos – Especificidades, desafios e contribuições
Autora: *Maria da Conceição F. R. Fonseca*

Etnomatemática – Elo entre as tradições e a modernidade
Autor: *Ubiratan D'Ambrosio*

Etnomatemática em movimento
Autoras: *Gelsa Knijnik, Fernanda Wanderer, Ieda Maria Giongo, Claudia Glavam Duarte*

Fases das tecnologias digitais em Educação Matemática – Sala de aula e internet em movimento
Autores: *Marcelo de Carvalho Borba, Ricardo Scucuglia Rodrigues da Silva, George Gadanidis*

Filosofia da Educação Matemática
Autores: *Maria Aparecida Viggiani Bicudo, Antonio Vicente Marafioti Garnica*

Formação matemática do professor – Licenciatura e prática docente escolar
Autores: *Plinio Cavalcante Moreira e Maria Manuela M. S. David*

História na Educação Matemática – Propostas e desafios
Autores: *Antonio Miguel e Maria Ângela Miorim*

Informática e Educação Matemática
Autores: *Marcelo de Carvalho Borba, Miriam Godoy Penteado*

Interdisciplinaridade e aprendizagem da Matemática em sala de aula
Autores: *Vanessa Sena Tomaz e Maria Manuela M. S. David*

Investigações matemáticas na sala de aula
Autores: *João Pedro da Ponte, Joana Brocardo, Hélia Oliveira*

Outros títulos da coleção

Lógica e linguagem cotidiana – Verdade, coerência, comunicação, argumentação
Autores: *Nílson José Machado e Marisa Ortegoza da Cunha*

Matemática e arte
Autor: *Dirceu Zaleski Filho*

Modelagem em Educação Matemática
Autores: *João Frederico da Costa de Azevedo Meyer, Ademir Donizeti Caldeira, Ana Paula dos Santos Malheiros*

O uso da calculadora nos anos iniciais do ensino fundamental
Autoras: *Ana Coelho Vieira Selva e Rute Elizabete de Souza Borba*

Pesquisa em ensino e sala de aula – Diferentes vozes em uma investigação
Autores: *Marcelo de Carvalho Borba, Helber Rangel Formiga Leite de Almeida, Telma Aparecida de Souza Gracias*

Pesquisa Qualitativa em Educação Matemática
Organizadores: *Marcelo de Carvalho Borba, Jussara de Loiola Araújo*

Psicologia na Educação Matemática
Autor: *Jorge Tarcísio da Rocha Falcão*

Relações de gênero, Educação Matemática e discurso – Enunciados sobre mulheres, homens e matemática
Autoras: *Maria Celeste Reis Fernandes de Souza, Maria da Conceição F. R. Fonseca*

Tendências internacionais em formação de professores de Matemática
Organizador: *Marcelo de Carvalho Borba*

Este livro foi composto com tipografia Minion Pro e impresso
em papel Off-White 70 g/m² na Formato Artes Gráficas.